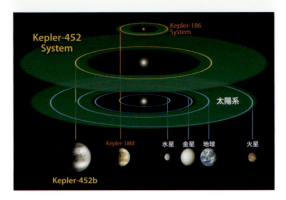

口絵1　Kepler-186系（上）とKepler-452系（中）と太陽系（下）の惑星軌道・サイズの比較
（NASA Ames/JPL-CalTech/R. Hurt）（p.32, 図2.9参照）

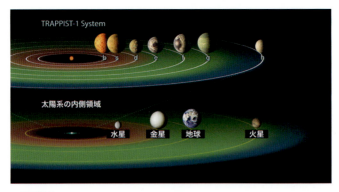

口絵2　TRAPPIST-1系（上）と太陽系（下）の惑星軌道・サイズの比較
（NASA/JPL-Caltech）（p.33, 図2.10参照）

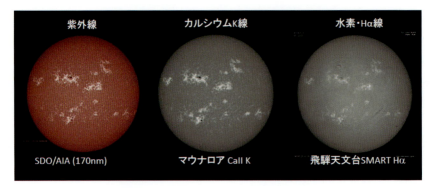

口絵3　太陽彩層の様子（2013年5月16日）
（左）太陽紫外線画像（NASAのSDO衛星AIAによる170nm画像），（中）カルシウムK線画像（ハワイ・マウナロア太陽観測所），（右）Hα線画像（京都大学飛騨天文台SMART望遠鏡）（p.55, 図3.9参照）

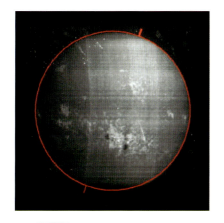
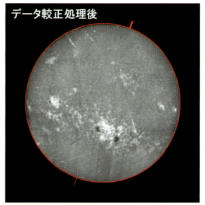

口絵4　1947年4月6日，観測史上最大の黒点が観測された日の太陽カルシウムK線画像（左）乾板データをスキャンしデジタル化したもの，（右）画像ムラの除去などデータ較正処理を施したもの（京都大学生駒山太陽観測所で撮影）（p.57, 図3.11参照）

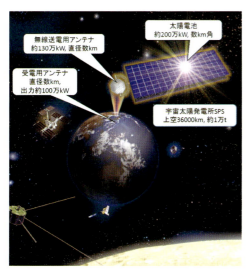
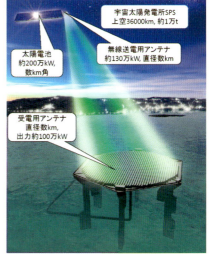

口絵5　（左）宇宙からみたSPS，（右）地上からみたSPS（p.86, 図5.1（左下），（右下）参照）

シリーズ　宇宙総合学　4

編　　集　（宇宙ユニット）京都大学宇宙総合学研究ユニット
編集委員　柴田一成・磯部洋明・浅井歩・玉澤春史

宇宙にひろがる文明

著　嶺重慎
　　佐々木貴教
　　浅井歩
　　藤原洋
　　篠原真毅
　　木村大治
　　松本紘

朝倉書店

● 編集

京都大学宇宙総合学研究ユニット
[編集委員]

柴田一成　京都大学大学院理学研究科

磯部洋明　京都市立芸術大学美術学部

浅井歩　京都大学大学院理学研究科

玉澤春史　京都市立芸術大学美術学部

● 執筆者（執筆順）

嶺重慎　京都大学大学院理学研究科　　　　　　　　　　　　（第1章）

佐々木貴教　京都大学大学院理学研究科　　　　　　　　　　（第2章）

浅井歩　京都大学大学院理学研究科　　　　　　　　　　　　（第3章）

藤原洋　株式会社ブロードバンドタワー　　　　　　　　　　（第4章）

篠原真毅　京都大学生存圏研究所　　　　　　　　　　　　　（第5章）

木村大治　京都大学大学院アジア・アフリカ地域研究研究科　（第6章）

松本紘　理化学研究所／前 京都大学総長　　　　　　　　　（あとがき）

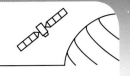

まえがき

　宇宙総合学研究ユニット（通称：宇宙ユニット）が京都大学に発足してから10年を超えました．発足当初は6だった参加部局も10年を数えて20近く，自然科学だけでなく人文・社会科学もカバーし「総合」の名前にふさわしい範囲で宇宙に関する研究，そして教育が行われています．この10年という期間は，学生からすると学部学生・大学院の修士・博士院生の身分で常に宇宙ユニットがあり，何らかの形でかかわった学生が巣立つのに十分な時間がたったことを意味します．かつて教員として所属していた方も含め，宇宙ユニットでの総合的な研究のアプローチを京都大学の外でも展開している方もいらっしゃいます．

　この10年の世界の動きに目を向けると，10年前に萌芽的にでてきた宇宙開発の新興国が先発国と比肩する存在感をもつようになりました．重力波望遠鏡が稼働し一月に1つのペースで重力波天体を発見し，またブラックホールの「事象の地平面」の撮像に成功しました．日本に目をむけてみると，2010年にイトカワから帰還した「はやぶさ」の後継機「はやぶさ2」は2019年にリュウグウへの着陸を成功させました．また，日本においても宇宙ベンチャーによる宇宙ビジネスがこの10年で徐々に活発になってきています．次の10年，宇宙をめぐる動きはどうなっているでしょうか．

　シリーズ「宇宙総合学」は，2008年に発足した宇宙ユニットの参加教員が中心となって，2009年から毎年開講してきた京都大学の全学1，2回生向けの講義「宇宙総合学」の講義録などがもとになってできたもので，この10年を含む最新の研究内容を反映しています．第4巻では「宇宙にひろがる文明」として，人間と宇宙の関係をさまざまな面から検討しています．

　第1章「宇宙はどのように進化したか」では，嶺重慎さん（京都大学理学研究科教授，現・宇宙ユニット長）による現代の科学的宇宙観の解説です．宇宙

の進化と活動が現代科学によってどのように解明され，今後どのようなことが期待されるかがブラックホールの専門家によって書かれています．

　近年の天文学では，太陽系以外のさまざまな惑星の姿をみる系外惑星の研究が急速に発展し，翻って地球および太陽系の認識へ再考を迫っています．第2章「系外惑星と宇宙生物学」では惑星科学の観点から佐々木貴教さん（京都大学理学研究科助教）が最新の動向を解説しています．

　人間の生存，そして文明の存続を考えるとき，地球大気・海洋・内部の変動だけでなく太陽を含む宇宙の状況が地球環境に長期・短期の影響を与えます．第3章「太陽活動の長期変動と地球気候（宇宙気候）」では編集委員の一人である浅井歩（京都大学理学研究科准教授）が太陽と地球の関係からどんな影響があるかを紐解きます．

　第4章「インターネットの発展からみた宇宙開発の産業化」の執筆者である藤原洋さん（株式会社ブロードバンドタワー，京都大学宇宙ユニット特任教授）は宇宙物理学を学んだあとインターネット事業をおこした異色の経歴ですが，そもそも宇宙産業と情報産業は密接な関係をもっており，産業の観点からみた宇宙開発の動向が書かれています．産業と宇宙分野との連携は今後も重要性を増していきます．

　人類が地球から飛び出し生活するにはエネルギーの自給自足が不可欠です．現在の太陽光発電を宇宙で大規模に行う「宇宙太陽光発電」についての解説が第5章です．執筆者の篠原真毅さんは京都大学の生存圏研究所にてまさに宇宙でのエネルギーに関する生存戦略を研究しています．

　第6章「宇宙人との出会い」は，人間とはなにかを考えるうえでさまざまな場所での人間の活動を研究する人類学の極地としての「宇宙人類学」の一端に触れることができます．執筆者の木村大治さん（京都大学アジア・アフリカ地域研究研究科教授）はアフリカ地域に住む人々のコミュニケーションを研究していますが，未知の存在との交流を考えることで，「コミュニケーションとは」という大きな課題を考えることになります．

　本書の内容の多くは最先端の研究成果に基づいていますが，意欲的な中学生・高校生や大学初年生であれば理解できるように，できるだけ予備知識がなくても読み進められるように書かれています．「宇宙総合学」の講義を担当す

るとともに，本書の分担執筆にご協力いただいた共著者の方々に深く感謝します．また，本書の出版にあたっては，朝倉書店の方々には，企画当初から何から何まで本当にお世話になりました．辛抱強くここまでご支援ご協力いただきましたことを，心より感謝申し上げます．

　本書を読んださまざまな方の中から人類の将来の宇宙進出を担うリーダーやパイオニア，宇宙関連の企業家・政治家・研究者・教育者が多数出現するようになれば，編集委員の喜びこれにまさるものはありません．

　2019 年 11 月

編集委員　柴田一成・磯部洋明・浅井　歩・玉澤春史

目　　次

1　宇宙はどのように進化したか──天体の起源と進化 ………［嶺重　慎］…1
 1.1　天文学の拓いたもの ……………………………………………………1
 1.2　宇宙の歴史と構造形成 …………………………………………………4
  1.2.1　初期宇宙の姿 …………………………………………………4
  1.2.2　天体形成シナリオ ……………………………………………7
  1.2.3　銀河の種類 ……………………………………………………9
  1.2.4　ブラックホールの見つけ方 …………………………………11
 1.3　恒星の誕生と進化 ……………………………………………………12
  1.3.1　恒星の誕生 ……………………………………………………13
  1.3.2　恒星の分類 ……………………………………………………13
  1.3.3　星の終末 ………………………………………………………16
  1.3.4　元素合成と星間ガスの循環 …………………………………18
  1.3.5　私たちがいま，ここにいるということ …………………………19

2　系外惑星と宇宙生物学 …………………………………………［佐々木貴教］…21
 2.1　系外惑星 ………………………………………………………………21
  2.1.1　系外惑星の発見 ………………………………………………21
  2.1.2　系外惑星の観測手法 …………………………………………23
  2.1.3　多様な系外惑星の姿 …………………………………………26
 2.2　ハビタブルプラネット …………………………………………………27
  2.2.1　ケプラー宇宙望遠鏡 …………………………………………27

目次　｜　v

2.2.2 ハビタブルゾーン ……………………………………… 29

2.2.3 ハビタブルプラネットの発見 ………………………… 32

2.2.4 多様なハビタブルプラネットの可能性 ……………… 34

2.3 宇宙生物学 …………………………………………………… 34

2.3.1 宇宙生物学の誕生 ……………………………………… 35

2.3.2 宇宙からやってきた生命の材料 ……………………… 35

2.3.3 太陽系内のハビタブル天体 …………………………… 36

2.3.4 地球外生命体発見の意義 ……………………………… 41

3 太陽活動の長期変動と地球気候（宇宙気候）…………… ［浅井　歩］…**43**

3.1 太陽の活動周期 ……………………………………………… 43

3.2 太陽の黒点と磁場とダイナモ ……………………………… 45

3.3 「ミニ氷河期」……………………………………………… 48

3.4 太陽総放射量：TSI (Total Solar Irradiance) ……………… 50

3.5 太陽紫外線放射量の変動 …………………………………… 53

3.6 過去の太陽活動を探る ……………………………………… 57

3.7 宇宙線強度変動の地球気候への影響 ……………………… 60

3.8 暗くて若い太陽のパラドクス ……………………………… 60

3.9 現在の太陽活動 ……………………………………………… 62

4 インターネットの発展からみた宇宙開発の産業化
——デジタル情報革命の新トレンドへの対応 ………… ［藤原　洋］…**65**

4.1 世界各国の宇宙開発 ………………………………………… 66

4.1.1 日本の宇宙開発 ………………………………………… 66

4.1.2 米国の宇宙開発 ………………………………………… 69

4.1.3 ヨーロッパの宇宙開発 ………………………………… 70

4.1.4 ロシアの宇宙開発 ……………………………………… 70

4.1.5 中国の宇宙開発 ………………………………………… 70

4.2 インターネット発展の歴史とその本質とは？ ……………………………… 71
4.2.1 軍事と学術からはじまったインターネットの研究 ………………… 71
4.2.2 ARPANET，NSFNET からインターネットへの移行 ………… 72
4.3 宇宙開発の問題とは？ ……………………………………………………… 74
4.3.1 宇宙産業の現状 ……………………………………………………… 74
4.3.2 宇宙産業の「実証機会」と「国際展開」 ………………………… 78
4.4 インターネット的視点での宇宙開発の産業化の展望 ……………………… 78
4.4.1 宇宙産業をめぐる国内外の動向 …………………………………… 78
4.4.2 宇宙開発の産業化の市場戦略 ……………………………………… 80
4.4.3 宇宙産業の発展の方向性 …………………………………………… 81
4.5 宇宙産業の発展へ向けて ………………………………………………… 82

5 宇宙太陽光発電 ……………………………………… ［篠原真毅］…84
5.1 人はなぜ宇宙を目指すのか ……………………………………………… 84
5.2 宇宙太陽光発電所の概要 ………………………………………………… 85
5.3 宇宙から地上へ電気を送る ……………………………………………… 87
5.4 宇宙太陽光発電の利点と欠点 …………………………………………… 89
5.5 宇宙太陽光発電所の経済性と将来性 …………………………………… 92
5.6 さまざまな宇宙太陽光発電所の設計 …………………………………… 95
5.6.1 最初の宇宙太陽光発電所 …………………………………………… 95
5.6.2 米国の宇宙太陽光発電所 …………………………………………… 96
5.6.3 日本の宇宙太陽光発電所 …………………………………………… 99
5.6.4 ヨーロッパの宇宙太陽光発電所 ………………………………… 104
5.6.5 アジア各国の宇宙太陽光発電所 ………………………………… 105
5.7 未来は自らがつくるものである ………………………………………… 106

6 宇宙人との出会い ………………………………………… ［木村大治］…109
6.1 宇宙人類学 ………………………………………………………………… 109

6.2　宇宙人へのまなざし ……………………………………………… 112

　　6.2.1　宇宙人の表象 …………………………………………………… 112

　　6.2.2　寓意としての宇宙人 …………………………………………… 113

　　6.2.3　SETI における宇宙人 ………………………………………… 116

　　6.2.4　想像できないことを想像する ………………………………… 118

　6.3　宇宙人とのコミュニケーション ………………………………… 121

　　6.3.1　「自然コード」を使う ………………………………………… 122

　　6.3.2　関係に規則性をつくる ………………………………………… 123

　　6.3.3　まなざしと規則性 ……………………………………………… 127

あとがき──生存圏 ～人類は宇宙へ～ ………………………［松本　紘］…**130**

　索　　引 ……………………………………………………………………… 133

chapter 1

宇宙はどのように進化したか
——天体の起源と進化

嶺重 慎

　本章のテーマは「宇宙の進化」です．そう，宇宙は「進化」します．すなわち138億年の悠久の時の流れの中で，宇宙も，宇宙の中にあるものもどんどん姿・形を変えてきましたし，これからも変えていくことでしょう．何よりも宇宙は膨張しています．その膨張宇宙の中で銀河や星などの天体ができ，太陽・太陽系（地球）ができて，私たちという存在が誕生しました．生物学で「進化」というと「種」の変遷をさしますが，天文学で「進化」というと，宇宙や星・銀河などの「個体」の一生をさします．「宇宙」を「個体」というのも奇異ですが，1つの（uni）宇宙（universe）ならぬ，たくさんの（multi）の宇宙（multiverse）という考え方もあるくらいです．

　本章では，このような宇宙の進化の様子をかいつまんでお話ししましょう．それはまた「私たちはどこから来たのか」という天文学最大の謎を考えるヒントにもなりましょう．

1.1　天文学の拓いたもの

　本論に入ります前に，宇宙観の変遷に言及しておきます（本シリーズ第2巻第1章（伊藤和行）も参照）．天文学は，宇宙の中にあるものについて，あるいは宇宙そのものについて研究を進めてきたのですが，ひるがえって「天文学が拓いたもの」という見方をするとき注目すべきポイントがあります．それは昔の宇宙観と現代の宇宙観という対比であり変遷です（図1.1）．

　昔は天文学といっても，単に星の動きをみていただけです．当時，どちらかというと宗教的な影響（第2巻第5章（鎌田東二）参照）が強かったからだと

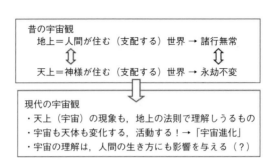

図 1.1 天文学の拓いたもの

思いますが，地上の世界と天上の世界は違うと，みな信じていました[1]．地上は人間が住む，あるいは支配する世界であり，そのキーワードは「諸行無常」，すなわち「変化する」ということです．ずっと同じではないということです．地上とは対照的に，天上は神様が住む世界，あるいは神様が支配する世界でした．人間がタッチできない世界であり，人間が完全には理解しつくせない世界でありました．そのキーワードは「永劫不変」，変わらないということです．地上世界は形を変えるが，天上世界は変わらない，それが基本的な考え方でありました．

その考え方が天文学の進展に伴ってがらりと変わりました．そして得られたのが現代の宇宙観です．それは，「天上の世界も宇宙の現象も，地上の法則で理解しうるものである」という言葉で表せます．つまり，天上の世界は神様が支配する世界で，神様にお任せの世界ではなくて，私たち人間もある程度は，（いや，かなりのところまで）理解できる世界だ，ということになります．

どうやって理解するかというと，科学的な考え方で理解するのです．つまり地上の実験で得られた法則や知見をそのまま使って，あるいは少し拡張することにより，宇宙のふるまいがかなりのところまで理解できるということを，天文学は実証してきました．これが現代天文学における大事なポイントの1番目です（図 1.1 参照）．

---

[1] ここにあげた「地上観」「宇宙観」はあまりにも単純化され過ぎているかもしれません．その昔，地上だってアニミズムが支配的だったともいえます．が，深入りを避けます．

大事なポイントの 2 番目は，宇宙も天体も進化するということです．「地上の世界は変わるけど天上の世界は変わらない」ではなくて，宇宙もどんどん変化しています．ただし，その変化の時間スケールが人間の普段の感覚からして非常に長いので，何百万年，何千万年から何十億年も時間がかかるので，気がつかなかっただけなのです[2]．だから，私たちの直感として「宇宙も変化する」ことが理解できません．しかしよくよく調べてみると変わっていることがわかっています．宇宙もどんどん変化しているのです．

　そこから出てくるのが「宇宙進化」という考え方です．宇宙も天体も変化し活動する，という宇宙観です．活動するというのはどういうことかというと，「刻一刻姿を変える」という意味でもありますし「明るさが急減に変化する」という意味でもあります．前者はなかなか知覚しにくいので，前世紀の天文学では「明るさの変化」をとらえることが主流でした．近年，遠方にある天体の像を望遠鏡などで拡大して得ることが可能になってはじめて，天体の生の姿の変化がとらえられるようになりました．そのような研究の積み重ねにより，宇宙にははじまりがあったらしいこと，時間がたつにつれ宇宙の様子がさまざまに変化してきたことがわかってきました．

　大事なポイントの 3 番目として，「宇宙の理解は人間の生き方に影響を与える」としました．これは正直，かなり主観が入った表現ですが，多くの天文学者は「そうだ」と言い切っています．

　ここで 1 つ大事な注釈をします．いままで地上と天上をはっきり分けたうえで，対照させて話してきましたが，これは西洋的な考え方かもしれません．東洋の宇宙観では，どちらかというと，自分と宇宙・自然との一体感が強いのです．つまり自分自身，あるいは動物や植物も含めて，あらゆる生物は自然や宇宙の中の「部分」であるという考え方が強いのです．たとえば，宮沢賢治「春と修羅」（『宮沢賢治詩集』岩波文庫，1979）の序文に

　　わたくしという現象は
　　仮定された有機交流電灯の
　　ひとつの青い照明です

---

[2]　実際には，超新星爆発のように，数日で目にみえる変化がある場合もあります．

とあります．「わたくしという現象」すなわち，わたしは宇宙の中の1つの現象であるという捉え方をしています．

これは，ある意味，自然科学とは対照的な考え方なのです．西洋出身の自然科学では，宇宙・自然を対象とみます．私（という主観）がいて，自然（という客観）があって，私は自然や宇宙を研究する，という枠組みです．しかし，はたしてそのような簡単な枠組みでものごとをとらえきることができるのでしょうか？　主観と客観とは分けられるものでしょうか？　疑問が残りますが，ここでは深入りしないことにします．

これから宇宙の進化という話題を2部構成でお話しします．1.2節では宇宙の歴史を概観します．宇宙のはじまりからいままで宇宙はどう姿を変えてきたのか，宇宙の構造形成シナリオをふまえて解説します．1.3節のテーマは恒星の形成と進化です．恒星はどこで生まれてどのように進化していくのか．最期はどうなるかという話です．

1.2　宇宙の歴史と構造形成

いまから138億年前，宇宙は誕生したといわれます．宇宙にははじまりがあるのです．そして宇宙進化とともに，銀河や銀河団，ボイド（銀河のほとんどない空間）といった構造ができてきました．私たちにたどり着く長い道のりのはじまりです．

● 1.2.1　初期宇宙の姿

歴史的な部分については第2巻第1章に，現代の宇宙論については，第2巻第2章に田中貴浩による解説がありますのでご覧ください．短くまとめますと，現代宇宙論の基本は「ビッグバン宇宙論」であり，それは，「宇宙膨張」「宇宙初期元素合成」「宇宙マイクロ波背景放射（CMB）」という3つの観測的検証が精緻なレベルでなされている，ほぼ唯一の科学的宇宙論です．

ここで強調しておきたいことは，宇宙膨張に伴って天体ができた，という事実です．膨張する宇宙の中で，宇宙全体の膨張と同時進行でいろいろな天体ができたのです．宇宙膨張といっても，銀河や星などの天体自体は膨張するので

はないことに注意しておきましょう．宇宙膨張とは，宇宙という入れ物の大きさが，すなわち銀河と銀河の間の距離が時間とともに広がっていることを表しています．

　天体形成を考えるうえでもう 1 つ重要な事実は，宇宙は昔，ほぼのっぺらぼう（一様）だったことです．なぜそんなことがわかるのか？　宇宙誕生後 38 万年の姿が観測されているからです．先に述べた宇宙マイクロ波背景放射のことですが，これは私たちが現在，観測することができるもっとも初期の宇宙です．それが驚くほど一様な世界でした．

　いまの宇宙は決してのっぺらぼうではありません．夜空を見上げると星が多数またたいています．望遠鏡や双眼鏡を使うと星雲とか銀河とかもみえてきます．夜空はのっぺらぼうではなく，明るいところと暗いところが入り混じっています．では，のっぺらぼうの宇宙からどうやって天体ができたのか，これが本節の主題です．

　では 38 万歳の宇宙の姿をみてみましょう（図 1.2）．上が COBE 衛星，下が WMAP 衛星で得られた（世界地図ならぬ）宇宙地図です．見方を説明しましょう．

　世界地図を思い浮かべてください．地球は丸い球ですが，表面を無理やり引っぺがして横長の図にしたのが，みなさんご存知の世界地図です．世界地図と同じように，宇宙を地球から眺めたときの模様を，球面だったのを引っぺがして伸ばしたものが図 1.2 なのです．日本で世界地図を買うと，真ん中に太平洋があってその左上に日本がありますね（これは日本特有の現象です）．しかしどこの国の世界地図でも，真ん中を左右に貫くのは赤道です．図 1.2 は世界地図の赤道にあたるところを銀河面にとった図になります．銀河面とは天の川銀河（太陽系が属する巨大な星とガスの集団）の星が多く存在する面のことです（1.2.4 項）．

　上下 2 つの図がありますが，どちらの図でも細かい模様がうつっています．下の図のほうが，より細かい模様がみえますが，これはカメラの性能が上がったからです．

　この細かい模様は何を意味しているのでしょうか？　ほぼのっぺらぼうだった宇宙に，ほんの少しだけ密度の大きいところと小さいところがあったという

1.2　宇宙の歴史と構造形成　｜　5

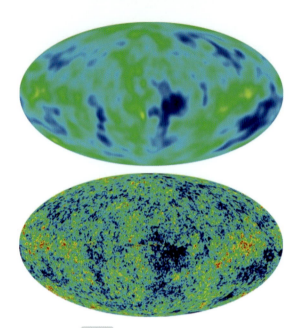

図 1.2 38 万歳の宇宙のマップ

上が COBE 衛星による画像，下が WMAP 衛星による画像．カラーは場所ごとの放射の微妙な（わずか 0.001％ の）変化を示しています．

ことです[3]．どのくらいの大きさのむらがあるかというとわずか 0.001％ です．これを密度ゆらぎといいますが，このゆらぎが大事なのです．ほんのわずかなゆらぎが，何億年，何十億年もかけて少しずつ成長し，銀河もあれば星もあるという現在の宇宙になりました．

宇宙マイクロ波背景放射がつくられたときから比べると，宇宙のサイズは約 1100 倍に，温度は約 1100 分の 1 になりました．昔 3000 度だった宇宙は絶対温度 2.7 度[4]（摂氏 −270 度に相当）まで冷えこみました．宇宙膨張とともに電磁波の波長も伸びました．昔は可視光～赤外線で光っていた宇宙は，いまは（波長の長い）電波で光っています．だから電波で観測して図 1.2 のような画

---

[3] 正確には放射量（温度に比例）ですが，密度と読みかえてもかまいません．
[4] 絶対温度（K）は，摂氏温度（℃）に 273 を足して表されます．

像が得られたのです．図 1.2 の地図から出発して天体がつくられるのです．

● 1.2.2　天体形成シナリオ

でも，密度ゆらぎからどのようにして天体ができたのでしょうか？

宇宙に（平均密度より）ほんのわずかだけ密度が高いところと，低いところがあったとします．密度が高いところは，低いところより周りを引きつける力（重力）が強いのです．重力はおたがいに引き合う力です．どんなものでも質量があれば必ず引き合うので「万有引力」とよばれています．

実はみなさんもお隣同士で引き合っているんです．ほんのわずかだけど，これはちゃんと実験で証明されているのです．ほんのわずかですが，みなさんは隣の人，うしろの人と引き合っているのです．嫌な人とも引き合っています．好き嫌いは関係なく引き合っているのです．でも引き合う力は微小なので，実感することはありません．

さて，比喩的に考えましょう．密度が高いところというのは，より強い力（魅力）で周りの人を引きつけている人のことです．そういうところに人が集まっていくのです．「人気」あるいは「流行」という現象ですね．歌手でもお笑いタレントでも，評判がよいと人気が高まってきます．すると人の注意を引きます．人がわっと集まるのです[5]．人が集まってくると，まわりの人は「おっ，何かあるぞ」と思うでしょう．みなさんもその辺を歩いていて，人だかりや長い列をみたら何かあるんじゃないかと気になるでしょう．何かあると思って人が集まってくると，つぎは人が集まることによって，長い列が呼び水となって，あるいは口コミで伝わることによって，さらに引きつける力が強くなるのです．人が集まる→引力が増す→さらに人が集まる→さらに引力が増す→…．これを専門用語で「不安定性」といいます．「人（もの）が集まることにより，さらに人（もの）が集まりやすくなる．」これが不安定性のエッセンスです．

このような重力の不安定性によってもの（ガス）が一点に集まり，集まった

---

5)　いまはインターネット時代だから，その動きが顕著ですね．情報が瞬時に全国に広がります．そして人気が出るとぽんと一気に株が上がって，でもすぐにへばったりするのですが…．

1.2　宇宙の歴史と構造形成　｜　7

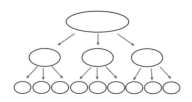 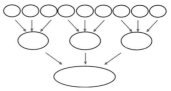

図1.3　構造形成のトップダウンシナリオとボトムアップシナリオ

ところがやがて崩壊します．もうおたがいの間に距離を保っておけなくてつぶれてくっついてしまう．このくっついたものが天体というわけです．こうして天体ができるのに，サイズにもよりますが何億年も何十億年もかかります．

さて，大きなものと小さなもの，どちらが先につぶれるでしょうか？

それは，長い（大きな）スケールのゆらぎと短い（小さな）スケールのゆらぎと，どちらの振幅が大きいかで決まります．さまざまな観測結果を総合した結果，私たちの宇宙では小スケールのゆらぎが先に成長して，天体形成にいたることがわかってきました[6]．最初にできるのは，太陽の100万倍ぐらいの質量をもつ天体だといわれています．それらが合体をくり返して大きな構造をつくる．のっぺらぼうのところから100億年かけて，引き合って，引き合って，引き合って，いまの宇宙の姿ができあがります．

「小さな構造から大きな構造へ」という筋書きは，ボトムアップシナリオとよばれます．ボトムアップというのは「底辺から上へ」という意味ですね．宇宙ではまず小さな銀河，そして銀河・銀河団というふうに，小さなものから順に構造ができてきました．その意味でこのシナリオは，別名「階層的構造形成シナリオ」ともよばれます．

現在こそボトムアップシナリオが定説ですが，20世紀半ばにはトップダウンシナリオというのも提唱され，両案の間ではげしい論争がくり広げられまし

[6) 構造形成がボトムアップ式かトップダウン式かは，ダークマターの性質によります．現代の定説である「冷たいダークマター」によりますと，まず小さめの天体ができます．ダークマターの正体はいまだ不明ですが，未知の素粒子とする説が主流です．

た（図 1.3）．トップダウンシナリオというのは，まず大きな構造をつくって小さくするものをいいます．宇宙の大規模構造形成では，先述の通りボトムアップシナリオに軍配が上がりました．しかし，宇宙にはトップダウンでできる構造もあるのです（1.3 節参照）．

さて，よく「宇宙はこの先はどうなるんですか」と聞かれます．答えは，どんどん膨張し続けて広がるのです．しかし，天の川銀河のお隣さん，アンドロメダ銀河は，やがて 50 億年もたてば天の川銀河にぶつかるといわれています．両者は相互の重力により宇宙膨張を振り切って接近して衝突するのです．銀河と銀河がぶつかるというとぞっとしますが，それほど怖くはないのです．銀河はすかすかな空間ですから，恒星の集まりとはいうものの，恒星の半径は銀河の半径に比べ何桁も小さいので，恒星同士がぶつかることはまずありません．地球に星がぶつかったら怖いのですが，ほかの銀河とぶつかってもそう怖くはないのです（おそらく）．その前に太陽が熱くなって地球が高温になることを心配しないといけません（注 12）．

● 1.2.3　銀河の種類

現在の宇宙には，異なる種類の銀河が共存しています．渦巻き模様を示す渦巻き銀河，楕円形をした楕円銀河，そしてはっきりした形のない不規則銀河です．

渦巻き銀河は，数千億個もの恒星とガスとダスト（固体微粒子）の大集団です．図 1.4（左）はその代表例のアンドロメダ銀河です．天の川銀河に近いところにある[7]，天の川よりずっと大きな銀河です．よくみると，周りに渦が巻いていることがわかります．こういう渦巻き模様の中で星が生まれています．

もし渦巻き銀河を横からみることができたら，きっと平べったい形にみえるだろうといわれています．たまたま横を向いている（らしい）薄い銀河が見つかっており，これは渦巻き銀河を横からみたものだろうと解釈しているのです．上からみると渦巻き模様，横からみると薄い板，だから渦巻き銀河は円盤

---

[7]　天の川銀河から 250 万光年の距離にあります．天の川銀河のすぐ近くには，大マゼラン銀河（距離約 16 万光年），小マゼラン銀河（距離約 20 万光年）とよばれる小さな不規則銀河があります．

1.2　宇宙の歴史と構造形成　│　9

図 1.4 （左）アンドロメダ銀河（東京大学木曽観測所）と（右）楕円銀河 M87 （AAO[8]/Malin）

銀河ともいわれます．

　図 1.4（左）をよくみると，真ん中がちょっと膨らんでいるようにみえます．この膨らみをバルジといいます．また明るい中心部を囲むように黒い筋が入っていることもわかります．この黒い筋はガス（暗黒星雲）やダストが集合したところであり，恒星からの光を吸収して暗くなっているのです．

　渦巻き銀河と並ぶ，もう 1 つの代表格が楕円銀河です（図 1.4 右）．これは横からみても上からみても斜めからみても楕円にみえる（楕円体をした）銀河です．

　楕円銀河と渦巻き銀河，どうして違いが出てきたのでしょうか．まだよくわかっていませんが，考えるヒントはいくつかあります．たとえば，両者で星形成活動のしかたが異なります．楕円銀河の特徴は，形成時にいっせいに恒星をつくったあと，いまではほとんど恒星をつくっていないことです．したがって楕円銀河の恒星はみな年老いた星です．青い色をした大質量星は寿命が短く，赤い色の小質量星は寿命が長いので（1.3.2 項参照），青い星がなく赤い星ばかりの銀河は，年老いた銀河だとわかるのです．

　一方，渦巻き銀河では中心を取りかこむ円盤部分でいまも星をつくっていま

---

[8] Australian Astronomical Observatory

10　｜　1　宇宙はどのように進化したか

す．だから青い大質量星もたくさんあります．私たちの銀河，天の川銀河も星をつくっています．これが楕円銀河との大きな違いです．しかし（くり返しですが）その違いがどこから生まれたか，いまだ定説がありません．

1.2.4 ブラックホールの見つけ方

さて，宇宙の進化というとき，従来は，恒星や銀河など，可視光でくっきりみえる天体の進化をさしていましたが，いまでは，ダークマターやブラックホールなど，ダークな（目にみえない）もののはたらきもクローズアップされています．ここで巨大ブラックホールについてコメントしておきましょう．

ブラックホールはどうやって見つけるのですか，とよく聞かれます．探査方法の原理はいたって簡単です．ブラックホールがあると，当然，まわりの物体に重力を及ぼします．したがってそのまわりの星が変な動きをします．暗くてみえないブラックホールですが，まわりの星がブラックホールの重力に引かれて回る．その回り方から，どこにブラックホールがあるかがわかります．

図 1.5 はアンドロメダ銀河（図 1.4 参照）の回転曲線です．回転速度を，銀河中心からの距離の関数として表した図です．銀河の中心に行くと速い速度で

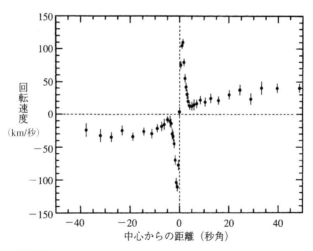

図 1.5　アンドロメダ銀河の回転曲線（Kormendy, 1988 より改変）

回転しているということは，ここにブラックホールがあるということを意味します．（もしブラックホールがないとしたら，これらの恒星は遠心力のため短時間でちりぢりばらばらになっているでしょうが，そのようなことはないので強い力で引きとどめられていることがわかります．）このようにブラックホールは直接光を出しませんが，まわりのガスとか星の運動でその存在を推しはかることができるのです．この方法を用いることにより，ほぼすべての銀河の中心に巨大ブラックホールがあることが確立しました．

わかるのはブラックホールの存在だけではありません．恒星やガスの運動を精密に測定することにより，ブラックホールの質量も推定できるのです．大質量ブラックホールほど重力が強く，星やガスの運動がよりはげしく曲げられるからです．こういう速度で動いている星がこれだけの角度で曲げられるという観測データから，ブラックホール質量が計算できます．こうして，天の川銀河中心にあるブラックホールの質量は太陽質量の約400万倍とわかりました．

ブラックホールは，私たちと何の関係があるのか，いまだよくわかりませんが，もしかしたら関係があるかもしれない，といったことがまことしやかにささやかれています．というのも，真面目な話，銀河とブラックホールと「持ちつ持たれつ」の関係にあるんじゃないかとさえいわれています[9]．本章ではあまり深入りしませんが，「ブラックホールって変なものですね」では済まないかもしれないです．私たちの銀河ができるときに実は大事なはたらきをしている可能性が出てきました．

1.3 恒星の誕生と進化

いまから数十億年前に多くの銀河ができました．しかし，私たちにたどり着くには，太陽のような星（恒星）と惑星をつくらないといけません．恒星は生まれて成長し，最期に白色矮星やブラックホールといった特異な天体を残します．

---

9) 正確にいうと，ブラックホール質量と銀河のバルジ部分の質量や速度分散（重力ポテンシャル内を運動する星の速度の幅）の間に強い相関関係が発見されて，両者の密な関係が疑われているのです．

1.3.1 恒星の誕生

恒星はガスから生まれます．正確には，星と星の間の空間を漂うガス，星間ガスから生まれます．星間ガスが集まったところを星間雲といいます．空に見える雲と同じものではありませんが，そのようにぼやーっと見えるので，星間雲というのです．星間雲にもいろいろありますが，恒星が生まれるのは絶対温度数十度（摂氏 −250 度）の低温ガスです．低温のため水素ガスは分子状態になっているので，分子雲ともよばれます．分子雲は電波で観測されています．

分子雲の中でもさらに密度が高いところ，分子雲コアの中で原始太陽が生まれました．（太陽といわずに原始太陽といっているのは，星の中でまだ水素核融合の火がついていないからです．）できたのは原始太陽だけではありません．原始太陽の重力に引かれてさらにガスが降ってきて，原始太陽のまわりに回転する円盤をつくります．この円盤は必ずできます．専門的な言葉を使うと，ガスは角運動量（回転の勢い）をもっているからです．このように，大きなスケールからガスとか物質が集まって 1 つの固まりをつくるときには，必ずそのまわりに回転円盤ができます．この円盤の中で惑星系ができるのです．

そうこうしているうちにガスがさらに集まり，中心がさらにつぶれて温度が1600 万度程度まで上がると核融合反応の火がつきます．こうして原始太陽は太陽となります．

恒星のふるさと，それは暗黒星雲とよばれます．ガスとダストの集まりです．ガスとダストがたくさんあると光を吸収します．ちょうど霧がかかっているような状態で，向こうにある光を通さなくなります．だから，ガスが集まったところは真っ暗に見えるため，暗黒星雲という名前がついているのです．正確にいいますと，可視光では真っ黒ですが，赤外線や電波でみると中が見通せて，逆に明るくみえます．

1.3.2 恒星の分類

天文学者は恒星を観測してまず何をするかというと，明るさと色（スペクトル）を調べて分類するのです．そのために，横軸に色（あるいは恒星の表面温度），縦軸に明るさをとった二次元図上に観測した恒星をプロットします．これが HR 図[10]です（図 1.6）．

1.3 恒星の誕生と進化 | 13

HR 図の横軸は，左側にいくほど青く（あるいは高温に）右にいくほど赤く（低温に）なるようにとるのが慣例です．縦軸は明るさですが，見かけが同じ明るさの星でも遠くに行くと暗くみえますから，同じ距離に並べたときの明るさに換算したものを使います．上にいくほど恒星は明るく下にいくほど暗くなります．この HR 図を使って星は大きく 3 種類に分類されます．

　図 1.6 の中ほど，左上から右下に一直線に伸びる領域は主系列とよばれ，太陽のような恒星の集まりです．太陽は主系列の比較的右下にあり，小さめで赤い（低温の）恒星であることがわかります．左上ほど大質量に，逆に右下ほど小質量の星になります．主系列はなぜ「系列」になるかというと，質量の違い

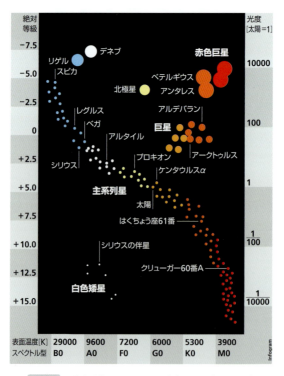

図 1.6　地球近傍の星の HR 図 (嶺重・鈴木, 2015)

---

10) ヘルツシュプルング (Herzsprung)–ラッセル (Russel) 図の略で，どちらも人名です．

14 ｜ 1　宇宙はどのように進化したか

によって色も明るさも系統的に変化するからなのです．だから，主系列星を特徴づける第1のパラメータは質量です．

主系列星とは一言でいってどういう星なのでしょうか？　それは，中心で水素核融合反応を起こして光っている星です．核融合とは，原子核と原子核が合体して大きくなることを意味します．太陽はどうやって光るんですかといったら，水素をくっつけてヘリウムにするときに発生する熱で光っているのです．

図1.6の主系列の右上の領域にある星は，同じ色（表面温度）でもずっと明るい星なので大きな星ということになり[11]，巨星とよばれます．主系列星と比べて10〜100倍ぐらい大きい星です．この巨星の中でも水素などの核融合反応が起こっていますが，それは中心部ではなく，中心部を取りまく領域です．さらに反応が進むと，ヘリウムから炭素・酸素をつくる反応（ヘリウム核融合）で熱を出して光るようになります．

巨星はどのようにしてできるのでしょうか？　それは主系列にある星（主系列星）において，中心の水素燃料が枯渇してできます．なぜ膨らむのでしょうか？　恒星の中の燃料（水素）が燃え尽きると核反応の火が消え，中心部は圧力で支えきれなくなってつぶれます．すると，熱が外層大気にたまって，星全体でみると逆に大きくなるのです．太陽も50億年後には地球軌道まで膨らみ，

図1.7　惑星状星雲「キャッツアイ星雲」（NASA ハッブル宇宙望遠鏡）

---

11)　(恒星の明るさ)＝(恒星の表面積)×(恒星の表面温度の4乗)　という関係があるからです．

地球を飲みこんでしまうといわれています．だから，地球の寿命はあと50億年ほどになります[12]．

さてHR図にはもう1グループあります．それは主系列星の左下，すなわち，高温で暗い星の一群で，白色矮星とよばれます．同じ温度でも光度は低い（暗い）のだから，半径が小さい星ということになります．およそ太陽の100分の1，地球くらいの大きさですが，太陽ぐらいの質量をもつ星です．この白色矮星は，太陽のような比較的小質量の恒星の終末といわれています．次項で説明します．

● 1.3.3　星の終末

太陽のような質量をもつ恒星は，中心部はつぶれて白色矮星を形成すると先に書きました．一方で外層のガスは星間空間に吹き飛ばされます．まき散らされたガスを，中心にある白色矮星が照らすという現象がみられます．これを惑星状星雲といいます．図1.7はその一例です．キャッツアイ星雲とよばれます．ネコの目みたいにみえますね[13]．

このネコの目の真ん中に光る星があります．これが白色矮星です．ガスは四方八方に飛び散るのではなくて，円筒状に飛び出すことも多いようです．それでこういうネコの目のようにみえるのです．太陽も50億年後にはこのような姿になるかもしれません．キャッツアイ星雲のほかにバラ星雲とか，砂時計の形をした星雲とか，エスキモー星雲とかもあります．こういう惑星状星雲が，たくさん宇宙には存在して，色とりどりに光っています．さながら宇宙の宝石です．

さて，太陽よりずっと重たい恒星，太陽質量の8倍とか10倍の質量をもつ星は爆発します．「中心部分がつぶれたら，それでおしまいじゃないか」と思う人がいるかもしれませんが，一般につぶれた星は反発するのです[14]．反発し

---

[12]　太陽に飲み込まれる前に，太陽の表面温度の上昇により地球の表面温度も上昇し，やがて生物は住めなくなるだろう，といわれています．それは（早ければ）数億年先のこと．

[13]　読者のみなさんの中にネコを飼っている人はいるでしょうか．私のうちではネコを飼ってますが，私はこの画像をみるたびに，うちのネコの眠そうな目を思い浮かべます．

[14]　まれではあるが，超新星爆発を経ずに直接ブラックホールに重力崩壊するケースもあります．

16　│　1　宇宙はどのように進化したか

て，ほんと星の大部分の質量を星間空間に放り出すのです．これを超新星爆発といいます．星全体が吹っ飛ぶような，ものすごい爆発です．

このものすごい爆発，実は宇宙の中ではしょっちゅう起こっているのです．天の川銀河の規模でおよそ100年に1回といわれていますが，天の川銀河のような銀河は宇宙に数千億個もあるからです[15]．

もっとも天の川銀河では過去数百年起きていません[16]．とはいうもののそう頻繁に起きてもらっても困ります．超新星爆発というのは莫大なエネルギーを放出し，また危険なもの（X線や放射性物質など）も多量に出すからです．

超新星爆発のあとの姿を超新星残骸といっています（図1.8）．こういうもやもやっとした跡が残るのです．それで，天の川銀河の中で数百年前に起きた超新星爆発のあとを見つけることができます．

図 1.8 かに星雲（国立天文台すばる望遠鏡）
1054年に起きた超新星の残骸です．『明月記』に記録が残っています．

---

[15] こう書くと「宇宙には果てがあるのか」と誤解されそうですが，そういう意味ではなくて，宇宙の見える範囲（簡単にいうと宇宙年齢×光速の範囲内）にある銀河の数です．
[16] 1987年2月，天の川銀河近傍の大マゼラン銀河で超新星が爆発しました．超新星研究者が興奮して，連日帰宅もせず論文を書きまくっていたので離婚の危機に襲われた（欧米の）研究者もいたという噂です．

1.3　恒星の誕生と進化　｜　17

● 1.3.4　元素合成と星間ガスの循環

　恒星の中での核融合反応は，2つの重要な役割を担っています．第1にエネルギーをつくり出すこと，第2に核融合反応によりつぎつぎと重たい元素を合成する（元素合成する）ことです．宇宙がはじまったときには，水素と少しのヘリウムしかありませんでした．その水素が恒星の中で核融合して，どんどんヘリウムをつくります．そのヘリウムがさらに核融合をして，炭素，窒素，酸素になります．炭素，窒素，酸素がくっついて，ケイ素，マグネシウムとどんどん合成されて鉄までできます．

　地上にはいろいろな元素がありますが，それらは恒星の中だけではなく，超新星爆発でもつくられました．爆発の際にはガスは高温で高密度になりますから，一気に元素合成[17]が進みます．その結果金や銀などの貴金属を含めて地上にある大部分の重元素がつくられます．そして星間空間にまき散らされるのです．

　星の一生は私たちとは関係がないように思えますが，決してそんなことはありません．地球はもちろん，私たちの体のもとは恒星や超新星爆発の中で生まれたのです．というのも，宇宙にあるガスは循環しています．出発点は星間ガスです．ガスが集まって恒星ができました．軽い恒星は惑星状星雲になり，重い恒星は超新星爆発という最期を迎えます．超新星爆発の中では，多量の重元素がつくられ，できた元素がまわりに散らされます．散らされたガスが集まって，つぎの恒星をつくる材料となります．

　その次世代の恒星の中ではさらに重元素ができて，超新星爆発でさらに多くの元素を星間空間にばらまきます．こうして星間空間につぎつぎと重元素が供給されるのです．そういう循環が過去数十億年の間，幾度となくくり返されました．

　こういうサイクルを何回くり返せばよいのか，よくわかりませんが，いずれ私たちの太陽系ができあがります．いってみれば，地球が誕生するまで90億年，こういうサイクルが何回も何十回もくり返されて星間空間に重元素がためられていたのです．そして，めぐりめぐって最終的に私たちの体になりまし

---

17)　鉄より重い元素は，核融合ではなく，原子核が中性子を捕獲することによりつくられます．

18　│　1　宇宙はどのように進化したか

た．あなたの体も太陽系が生まれるずっと前に大爆発した星の中でつくられたのです．

● 1.3.5 私たちがいま，ここにいるということ

地球46億年の歴史を1年で例えると人類誕生（およそ700万年前）は大みそかです．地球環境が整えられ，生命が誕生して人類まで46億年．その間，太陽が同じように輝き続けているのです[18]．これはよく考えたら不思議なことです．人間だったら，「今日は調子がいいからたくさん光ろう」とか，「今日はもうひとつ調子がよくないからパワーは抑え気味にして寝ていよう」とか，すぐになりますね．そのように太陽が体調次第で光り方を変えたとしたら，地球はたまったものじゃありません．

地球は太陽からいつも同じ量のエネルギーをもらっているからこそ，生命が進化し，私たち人類が誕生したのです．宇宙が生まれて太陽系誕生まで90億年，太陽系ができてから私たちに到達するのにさらに46億年かかりました．

ところで，太陽の年齢が46億歳と聞いて驚かない人がいるかもしれません．「そりゃ，星だから長生きは当たり前だろう」という風に．でもそれは違います．恒星といっても，太陽よりずっと重い星は数百万年，数千万年で超新星爆発という最期を迎えます．天文学の言葉でいうと，あっという間に死んでしまうのです．

想像してみましょう，もし大質量星の寿命が数百億年なら宇宙はどうなっていたか．

答えは「私たちはここにいない」です．なぜなら，138億年たっても，私たちの体や地球のもととなる重元素が十分な量できないからです．重い恒星が数百万年という短い時間で元素合成して飛び散ってくれるからこそ，90億年の間，輪廻のサイクルが何回も何十回もくり返され，宇宙に重元素，すなわち私たちの体のもとが満たされました．だから私たちがいま，ここに生きているわけです．

一方で，太陽のような小質量星が数千万年で終末を迎えても困ります．その

---

18) 厳密にいうと太陽光度はまったく変化なしではなく，ほんの少しずつ増加しています．

1.3 恒星の誕生と進化 | 19

場合も「私たちはここにいない」のです．なぜなら，地球上で生命が誕生し，進化し，そして私たちが誕生するには，太陽がずっと同じように光って地球にエネルギーを供給していなくてはならないからです．

大質量星の寿命は数百万年，太陽の寿命は 100 億年．このわがままな要求に，宇宙は応えてくれています．だから，私たちがいま，ここにいるのです．

これからも天文学者の挑戦は続きます．系外惑星における生命という興味深い話題については，すぐあとの第 2 章をご覧ください．第 3 巻第 2 章（大野博久・齊藤博英）にも，太陽系探査や生命の起源という話題に関する章があります．

引用文献

嶺重　慎・鈴木文二（編著）：新・天文学入門　カラー版（岩波ジュニア新書 808），岩波書店，2015.

Kormendy, John: Evidence for a supermassive black hole in the nucleus of M31. *The Astrophysical Journal*, **325**: 128-141, 1988.

参考文献：初心者向け

小久保英一郎・嶺重　慎（編著）：宇宙と生命の起源 2（岩波ジュニア新書 777），岩波書店，2014.

嶺重　慎・小久保英一郎（編著）：宇宙と生命の起源（岩波ジュニア新書 477），岩波書店，2004.

嶺重　慎・鈴木文二（編著）：新・天文学入門　カラー版（岩波ジュニア新書 808），岩波書店，2015.

chapter 2

系外惑星と宇宙生物学

佐々木貴教

　1995 年に最初の系外惑星が発見されて以来，今日までにすでに4000 個近い数の系外惑星の存在が確認されました．この数年では，生命を宿す可能性のある惑星も相次いで報告されています．私たち人類は，いよいよ「第 2 の地球」について真面目に議論できる時代に突入したといえるでしょう．さらに近年は，宇宙における地球外生命体の存在可能性について議論する，宇宙生物学という新しい学問領域も注目されてきています．本章では，系外惑星の観測手法や観測結果について解説するとともに，生命を宿す可能性のある天体についての最新の研究成果を紹介していきます．多様な系外惑星の発見や，太陽系内での生命探査によって，いままさに人類の宇宙観・生命観は大きく変化しはじめようとしています．大きな盛り上がりをみせている系外惑星，そして宇宙生物学の世界を存分にお楽しみください．

2.1 系外惑星

　この宇宙には，太陽以外にも自ら光り輝く恒星が無数に存在しています．こうした太陽以外の恒星のまわりを回っている惑星のことを「系外惑星」とよびます．本節では，系外惑星の観測手法について解説するとともに，これまでに発見されている多様な系外惑星の姿を簡単に紹介します．

● 2.1.1　系外惑星の発見

　私たちの太陽のまわりには 8 個の惑星が回っています．太陽は銀河系に数千億個以上存在する恒星の中で，ありふれたタイプの恒星の 1 つです．太陽系が宇宙の中で特殊な存在ではないとするならば，ほかの多くの恒星の周りにも太

陽系と同様に惑星が回っていると考えるのが自然だといえるでしょう．

人類は，古くは1940年代ごろから系外惑星を探す試みを続けてきました．しかし，観測手法や観測装置が整ってきた1990年代に入っても，系外惑星はいっこうに見つかりませんでした．太陽系は特殊で奇跡的な惑星系なのかもしれない，私たちは広大な宇宙の中で孤独な存在なのかもしれない，そうした議論まで出はじめた1995年10月，ついに人類は史上初の系外惑星を発見することになります．ジュネーブ天文台のミシェル・マイヨール（Michel Mayor）とディディエ・ケロー（Didier Queloz）によって，ペガスス座51番星のまわりに木星クラスの質量をもった惑星が発見されたのです（Mayor and Queloz, 1995：図2.1）．

太陽系では，木星や土星といった巨大ガス惑星は太陽から遠く離れた冷たいところを回っています．ところが，最初に発見されたこの系外惑星は中心星のすぐ近くの軌道を回っているガス惑星であり，太陽系には存在しないタイプの惑星だということがわかりました．こうした惑星のことを，高温のガス惑星ということで「ホットジュピター」とよびます．そしてその翌年，似たような惑星がつぎつぎと発見されることになります．これまで太陽系に似た惑星系ばかり探していた観測チームが，ホットジュピターという新しいタイプの惑星に注

図2.1 人類が最初に発見した系外惑星ペガスス座51番星の想像図
（NASA/JPL-Caltech）
中心星のすぐそばを木星サイズの惑星が公転しています．ホットジュピターとよばれるタイプの系外惑星の典型例です．

目して観測データを見直したところ，いくつもの系外惑星の存在を見落としていたことがわかったのです．つまり，もともと系外惑星がなかなか発見されなかったのは，太陽系の「常識」に縛られていたことが原因だったわけです．

系外惑星が存在していることが明らかになると，各地で系外惑星探査のプロジェクトが開始され，多数の望遠鏡により大量の系外惑星が発見されていきました（図2.2）．現在，系外惑星はまさに時代の寵児として，世界中の天文学者たちを魅了し続けています．

● 2.1.2 系外惑星の観測手法

はるか遠くにある恒星のまわりを回る系外惑星を，直接望遠鏡でみるのはきわめて困難です．その理由は，中心の恒星と比べて，惑星が圧倒的に暗く小さいからです．そのため，系外惑星の観測に関してはおもに「間接的」な手法が用いられてきました．ここでは，その中でももっとも数多くの系外惑星を発見してきた「視線速度法」と「トランジット法」について簡単に解説します．

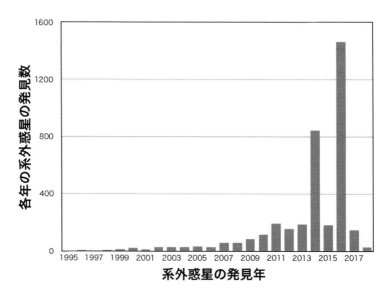

図2.2　1995年以降の各年ごとの系外惑星の発見数（2018年3月時点，The Extrasolar Planets Encyclopediaより作成）
指数関数的に発見数が急増しているのがよくわかります．

a. 視線速度法

　この宇宙のすべての物体の間には，万有引力，すなわちたがいに引っぱり合う力がはたらいています．地球が太陽系から飛び出さずにずっと太陽のまわりを回っているのも，太陽からの引力によって引っぱられているからです．一方で，地球や木星のような惑星も，万有引力によって太陽を引っぱっています．そのため，太陽も惑星からの引力によってわずかに「動かされて」います．系外惑星についても同様で，もしある恒星のまわりに惑星が回っていた場合，その恒星は惑星からの引力によって動くことになります．このわずかな動きを検知することができれば，間接的に惑星の存在の証拠をつかむことができます．

　しかし，地球からはるか遠くにある恒星のわずかな動きを天球上で直接検知することは容易ではありません．そこで視線速度法では，このわずかな動きによって生じるドップラー効果を利用して，惑星の存在を明らかにしていきます．ドップラー効果とは，観測者に対して近づいたり遠ざかったりしている物体から出た音や光などの波長が，その移動速度に応じて伸び縮みする現象です．恒星から地球にやってくる光の波長が時間とともに伸び縮みしていれば，それは恒星がある周期で動いているということ，つまり惑星がある周期で恒星のまわりを回っているということを示しているわけです（図 2.3）．

　視線速度法では，ドップラー効果の大きさを調べることでまわりを回ってい

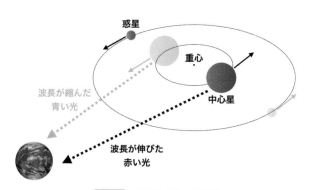

図 2.3　視線速度法の概念図
中心星が地球からみて近づくときと遠ざかるときで，観測される中心星の視線速度が異なってきます．その変化の振幅と周期から，まわりを回っている惑星の質量と軌道周期を推定できます．

る惑星の質量を推定することが可能です．またドップラー効果の周期から，惑星の公転周期，すなわち中心星からの距離を算出することが可能です．

b. トランジット法

地球上でみられる日食は，月が太陽のちょうど目の前を通過し，太陽からの光を遮る現象です．これと同じ原理を利用して，系外惑星の存在の証拠をつかもうというのがトランジット法です．ある恒星（中心星）のまわりに惑星が回っていて，定期的に地球と中心星の間を横切った場合，その中心星の明るさは定期的に暗くなることになります．トランジット（惑星の通過）を観測することができれば，惑星の存在がわかるだけでなく，恒星（中心星）減光率から惑星のサイズを見積もることも可能です（図 2.4）．

またこの惑星が大気をもっていた場合，中心星の光は目の前を横切る惑星の大気の中を一部通って地球にやってくることになるため，その光の中には惑星大気の情報もわずかながら含まれています．この光を精密に分析してあげると，惑星がどのような組成の大気をもっているかを推定することすら可能となります．

さらに，惑星が中心星の裏側に隠れる際のわずかな減光からも，惑星の特徴に関するさまざまな情報を得ることができます．これは二次食（セカンダリーエクリプス）とよばれ，惑星自身の明るさが中心星に隠されることで，この惑星系から来るトータルの光量が減るのを観測するわけです．惑星は自分自身の

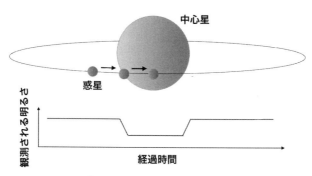

図 2.4 トランジット法の概念図

惑星が中心星の前を横切る際に，惑星系から地球に届く光が減光します．減光量から惑星のサイズを推定することができます．

温度に応じた明るさの光を発しているので，減光量からは惑星の表面温度が推定可能です．また，トランジットと二次食の時間間隔の差を測ってあげれば，惑星の離心率，つまりどの程度の楕円軌道で中心星のまわりを公転しているかもわかることになります．

　最後に視線速度法とトランジット法を組み合わせると，惑星の質量とサイズがわかるため，惑星の密度が推定できることになります．つまり，この惑星の構成物質がある程度わかることになるのです．これらの観測手法はいずれも間接的なものであり，惑星そのものを直接検出しているわけではありませんが，それでもその惑星の温度や内部組成，さらには大気組成まで推定できてしまうのは驚くべきことだといえるでしょう．

● 2.1.3　多様な系外惑星の姿

　2018年10月時点での系外惑星の発見数はおよそ3900個です[1]．この中には，最初に発見されたホットジュピターをはじめ，太陽系には存在しないタイプの惑星もたくさん存在しており，非常に多様な系外惑星の姿が明らかになってきました．ここではその一部を簡単に紹介します．

　太陽系の惑星はいずれも太陽のまわりをほぼ円軌道で回っていますが，中心星のまわりを極端な楕円軌道で回る系外惑星が数多く見つかっています．こうした惑星のことを「エキセントリックプラネット」とよびます．中心星の近くの軌道を通るときは超高温の灼熱惑星，遠くの軌道を通るときは超低温の全球凍結惑星となることが予想され，きわめてはげしい環境変動にさらされている惑星だと考えられます（図2.5）．

　また太陽系には存在しない，地球の数倍から十倍程度の質量をもつ系外惑星も大量に見つかっています．これらは推定される組成に応じて「スーパーアース」（高密度，鉄と岩石が主成分）あるいは「ミニネプチューン」（低密度，鉄と岩石以外に，厚い大気や水，氷の層をもつ）などとよばれています．非常に狭い軌道範囲にコンパクトに密集して回っている場合が多く，その形成過程などは重要な研究対象となっています．

---

[1]　http://exoplanet.eu

26　｜　2　系外惑星と宇宙生物学

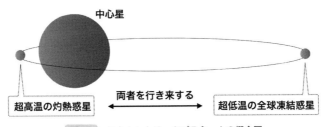

図 2.5 エキセントリックプラネットの概念図
中心星は楕円の焦点に位置するため，惑星は中心星のすぐ近くの軌道とはるか遠くの軌道とを行き来することになります．

　太陽とは異なるタイプの恒星のまわりにも，たくさんの系外惑星が見つかっています．中心星が異なれば，そのまわりを回る惑星の表層環境も大きく異なってくることが期待されます．なおこれまでの観測により，ほとんどの恒星のまわりには惑星が回っていることが予想されており，地球も宇宙に存在する多種多様な惑星のうちの1つにすぎないということがわかってきました．

2.2　ハビタブルプラネット

　生命を宿す可能性のある惑星のことを「ハビタブルプラネット」とよびます．現在のところ私たちは地球以外に生命を宿す惑星を知りませんが，系外惑星が大量に発見されていることから，ほかの惑星系にハビタブルプラネットを探すことも夢物語ではなくなってきているといえます．本節では，宇宙にあふれている（かもしれない）ハビタブルプラネットについて，最新の観測結果も含めて簡単に解説します．

● 2.2.1　ケプラー宇宙望遠鏡

　1995年にはじめて系外惑星が発見されてから，その後15年ほどの間に見つかった系外惑星の多くは，地球よりもはるかに大きな巨大惑星でした．しかしこの結果は，宇宙には地球サイズの惑星が存在していない，ということを意味しているわけではありません．当時の観測装置の精度を考えると，地球のような小さな惑星を検出するのは非常に困難であったため，たとえ存在していたと

しても見つけることができなかったという可能性があります．

そこで，2009年に米国航空宇宙局（NASA）は太陽系外の地球型惑星を探すために，「ケプラー宇宙望遠鏡」を打ち上げました（図2.6）．宇宙に望遠鏡をもっていくことで，地球の大気の影響を取りのぞき，地上望遠鏡とは比べものにならないほど精度の高い観測データを得ることが可能となります．そして打ち上げからわずか数年のうちに，ケプラー宇宙望遠鏡は驚くべき観測結果をつぎつぎと発表していきます．

ケプラー宇宙望遠鏡の第1の成果は，それまでの地上望遠鏡とは桁違いの系外惑星発見数です．ケプラー宇宙望遠鏡が打ち上げられる2009年までの系外惑星の発見数は，およそ350個ほどでした．これは地球上のすべての望遠鏡による発見数を足し合わせた数です．一方，ケプラー宇宙望遠鏡は2016年5月までに2325個の系外惑星を発見しました．まさに「桁違い」の発見数です．科学の世界においてサンプル数が増えるということは，統計的な情報が増えることであり，特殊なものと普遍的なものを切り分けることができるようになるということなので，とても重要なのです．

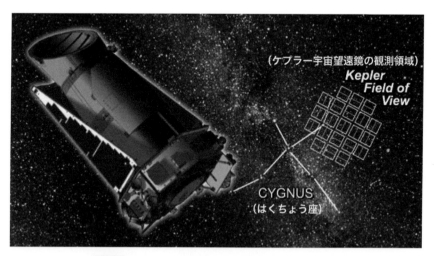

図2.6 ケプラー宇宙望遠鏡とその観測領域（NASA/JPL）
ケプラー宇宙望遠鏡は，はくちょう座のそばの四角で区切られた各領域を継続的に観測し，系外惑星によるトランジットの検出を行いました．

さらにケプラー宇宙望遠鏡は，当初の目的通りに小さな系外惑星を大量に発見していきました．特筆すべきはサイズごとの系外惑星の存在割合です（図2.7）．ケプラー宇宙望遠鏡が発見した系外惑星の個数から，実際に私たちの銀河系に存在している系外惑星の個数を推定したところ，大きな惑星ほど存在割合は小さく，なんと全体の半数近くが地球型惑星サイズの惑星であることが示唆されたのです．つまり，「宇宙は地球であふれている」ということが観測的に明らかになったわけです．

● 2.2.2 ハビタブルゾーン

ケプラー宇宙望遠鏡が出してきた結論は驚くべきものでした．しかし1つ注意しておく必要があります．それは，地球型惑星「サイズ」の天体が大量に存在していたというだけで，地球のように「生命を宿す可能性のある」天体が大量に存在していることを意味しているわけではない，ということです．

そこで，つぎは生命を宿す惑星の探し方についてみていきましょう．ひとまず地球型生命の存在条件について考えてみると，発生・進化・繁殖のすべての過程において「液体の水」の存在が必要不可欠であることがわかっています．

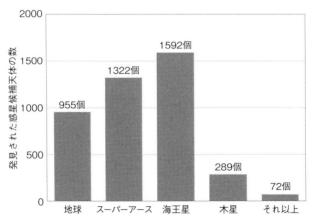

図2.7 ケプラー宇宙望遠鏡による，各サイズごとの系外惑星候補天体の観測数（2015年7月時点，NASAのデータより作成）
左から，地球サイズ・スーパーアースサイズ・海王星サイズ・木星サイズ・それ以上，と並んでいます．海王星よりも小さなサイズの系外惑星が大量に存在していることがわかります．

2.2 ハビタブルプラネット | 29

現在までに私たちは地球型生命以外の生命を知らないので，とりあえずここでは惑星表層に液体の水が存在していることを，生命を宿す惑星の必要条件とすることにしましょう．

　液体の水の存在に対するもっとも直接的な条件は，惑星の中心星からの距離になります．つまり，中心星に近すぎると水は蒸発してしまいますし，中心星から離れすぎると水は凍ってしまいます．地球のように中心星から適度な距離にいる惑星のみが，その表面に液体の水を保持することが可能です．この適度な軌道範囲のことを「ハビタブルゾーン」とよびます（Kopparapu *et al.*, 2013：図 2.8）．

a. ハビタブルゾーンの内側境界

　ハビタブルゾーンの内側境界の位置は，正確には「暴走温室条件」によって決まります．通常，惑星に入ってくるエネルギーと惑星から出ていくエネルギーはバランスしています．たとえば惑星の位置が中心星に近くなり，より大きなエネルギーが惑星に入ってくる場合，惑星はその表面温度を上げることでより大きなエネルギーを宇宙空間に出すことになります．逆にいうと，このエネルギーのバランスを保つように，惑星の表面温度が決まることになるのです．

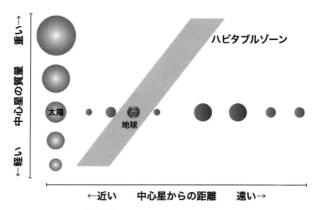

図 2.8　ハビタブルゾーンの概念図

中心星の質量が大きくなるほど惑星に入射するエネルギーも大きくなるため，ハビタブルゾーンはより外側になります．太陽系では地球だけがハビタブルゾーンの内側に位置しています．

ところが，表面に十分な量の水をもつ惑星の場合には，大気が水蒸気で飽和されることによって，惑星から出せるエネルギーに限界値が存在することが知られています．この値を「射出限界」とよびます．射出限界を超えたエネルギーが惑星に入ってきてしまうと，その惑星はエネルギー収支をバランスすることができなくなり，過剰なエネルギーがたまり続けてしまうことになります．この状態を「暴走温室状態」とよびます．

中心星に近づくほど惑星に入ってくるエネルギー量は大きくなっていくため，惑星はある軌道よりも内側では射出限界を超えるエネルギーを受けとることになります．そうするとこの惑星は暴走温室状態に入ってしまい，すべての水が蒸発して宇宙空間に散逸してしまうまで，地表面温度は上がり続けます．この暴走温室状態に入るちょうど境界の軌道が，ハビタブルゾーンの内側境界になります．

b. ハビタブルゾーンの外側境界

ハビタブルゾーンの外側境界の位置は，一般的には二酸化炭素が凝結する軌道によって決められています．地球大気において，二酸化炭素は温室効果ガスとしてはたらいています．もし地球が二酸化炭素をもっていなかった場合，現在の地球の軌道では太陽からの入射エネルギーは十分に大きくないため，表面温度は摂氏0度を下回り水は凍りついてしまいます．二酸化炭素があるおかげで，温室効果が効いて液体の水が保持できる表面温度を保てているのです．

ところが，地球がさらに遠くの軌道に行くと，太陽からのエネルギーはさらに小さくなり，ついには二酸化炭素ですら凝結してしまうほどの低温環境になってしまいます．すると，大気中の二酸化炭素ガスはすべて凝結して地表面に落ちてしまい，それに伴って温室効果も一気になくなってしまうため，地表面温度は急激に下がることになります．

中心星から遠ざかるほど惑星に入ってくるエネルギー量は小さくなっていくため，惑星はある軌道よりも外側では二酸化炭素ガスを保持できず，表面の水はすべて凍りつくことになります．この二酸化炭素が凝結するちょうど境界の軌道が，ハビタブルゾーンの外側境界になります．

● 2.2.3 ハビタブルプラネットの発見

　ハビタブルゾーンに位置する地球型惑星サイズの系外惑星は，ケプラー宇宙望遠鏡によって 2014 年にはじめて発見されました．この惑星は Kepler-186f という名前で，太陽よりも小さくて暗い赤色矮星に分類される恒星のまわりを回っています．惑星のサイズは地球とほぼ同じぐらいだと推定されていますが，中心星が太陽とは異なるタイプの恒星であるため，バージョン違いの地球という意味を込めて，「Earth 2.0」というニックネームでよばれることがあります（図 2.9，口絵 1）．

　また 2015 年には，ふたたびケプラー宇宙望遠鏡によって，今度は太陽型星のまわりのハビタブルゾーンに地球型惑星サイズの系外惑星が発見されました．この惑星は Kepler-452b という名前で，太陽とほぼ同じタイプの恒星のまわりを回っています．ただし惑星のサイズは地球よりもやや大きめで，いわゆるスーパーアースに分類される惑星でした．親戚星のまわりを回る地球より大

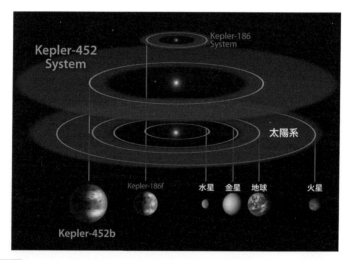

図 2.9　Kepler-186 系（上）と Kepler-452 系（中）と太陽系（下）の惑星軌道・サイズの比較（NASA Ames/JPL-CalTech/R. Hurt）
薄く塗りつぶしてある領域が，それぞれの惑星系におけるハビタブルゾーンを示しています．図示されている各惑星は相対的なサイズ比に対応していて，Kepler-186f と地球はほぼ等サイズ，Kepler-452b はそれよりもやや大きなサイズの惑星であることがわかります．（口絵 1 参照）

きな年上のお兄ちゃんという意味を込めて,「地球の従兄弟」というニックネームでよばれることがあります（図2.9）.

さらに2017年には，世界中の望遠鏡の共同観測により，TRAPPIST-1という名前の恒星のまわりに，地球型惑星サイズの系外惑星が7つも回っているのが観測されました（Gillon *et al.*, 2017）．こちらは「地球の7姉妹」というニックネームでよばれることがあります．しかもこのうちの3つはハビタブルゾーンに入っており，生命存在の期待がふくらむ惑星系となっています（図2.10，口絵2）.

このように，近年ハビタブルプラネットの観測が急速に進んできました．現在までに20個ほどの地球型惑星サイズのハビタブルプラネットが見つかっており，今後もその数は増え続けていくと考えられます．いよいよ，生命を宿す惑星が現実に発見される日が近づいてきたといえるでしょう.

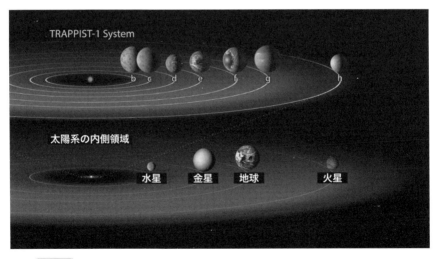

図2.10 TRAPPIST-1系（上）と太陽系（下）の惑星軌道・サイズの比較（NASA/JPL-Caltech）
TRAPPIST-1系では，非常にコンパクトな軌道領域に7つの地球サイズの惑星が密集していることがわかります．このうちTRAPPIST-1e, f, gの3つの惑星は，ハビタブルゾーン内に位置しています．（口絵2参照）

2.2　ハビタブルプラネット

● 2.2.4　多様なハビタブルプラネットの可能性

　前項までに扱ったハビタブルゾーンは，水蒸気量や大気中の二酸化炭素量などを地球と同じだと仮定した場合に定義されるものでした．これは逆にいうと，地球とは異なる大気の量や成分をもった惑星の場合，実効的なハビタブルゾーンの位置は異なってくるということです．

　たとえば惑星が温室効果ガスを大量に保持している場合，当然ハビタブルゾーンの外側境界はより遠くの軌道に移ることになります．とくにスーパーアースのように地球よりも質量が大きい惑星では，形成時にその大きな重力によって大量の水素ガスを捕獲することが考えられます．水素は高圧下では非常に強力な温室効果ガスとしてはたらくため，中心星から遠く離れた軌道でも惑星表面を温暖に保つことができるようになります．また惑星表面の水の量が十分に少ない場合には，射出限界が存在しなくなり，暴走温室状態に入らなくなるため，ハビタブルゾーンの内側境界の位置も変わってくることになります．

　さらに，地球とは異なる環境下でも生命が存在する可能性は十分にあります．ハビタブルゾーンよりも外側の軌道に位置し表面が氷で覆われていても，惑星内部で氷が溶けて液体になっている層が存在していた場合，この「内部海」で生命が発生するかもしれません．太陽系でも，木星の衛星のエウロパや，土星の衛星のエンケラドゥスなどが，内部海をもつ天体として有名です．

　こうしてみてみると，系外惑星の多様性同様，ハビタブルプラネットにも豊かな多様性が存在していることが予想されます．このことは，宇宙における生命の多様性を示唆することにもつながり，地球型生命は宇宙に存在する多種多様な生命のうちの１つにすぎないということになるのかもしれません．

2.3　宇宙生物学

　最初の系外惑星の発見からわずか20年ほどで，私たちは大量の地球型惑星の発見，そしてハビタブルプラネットの発見まで，一気にこの世界の理解を進めてきました．次なる目標は，当然地球外生命体の発見，ということになるでしょう．こうした状況のもと，天文学・惑星科学・生命科学の第一線の研究者たちが，「宇宙生物学」という新しい学問分野に続々と集まってきています．

本節では，いまもっともホットな学問分野といっても過言ではない宇宙生物学について，その成り立ちや注目すべき天体などを簡単に紹介します（宇宙生物学については，第3巻第2章にも解説があります）．

● 2.3.1　宇宙生物学の誕生

20世紀中ごろ，米国と旧ソ連を中心とした宇宙探査・開発ラッシュを背景に，宇宙生命科学という新しい学問分野が生まれました．1960年にはNASAに宇宙生命科学部門が設置され，本格的に宇宙における生命についての議論がスタートします．そして，生命の起源や地球外生命の探査にかかわる学問分野を総合し，「圏外生物学（エクソバイオロジー）」とよぶことが提案されました．

その後1998年に，NASAに宇宙生物学研究所（NAI）が設置され，「宇宙生物学（アストロバイオロジー）」という言葉が広く注目されるようになりました．NASAは宇宙生物学を「宇宙における生命の起源，進化，伝播，および未来を研究する学問分野」と定義し，宇宙に関連する生物学研究のすべてを内包するものとして位置づけています．宇宙生物学の研究には，生物学や生命科学のみならず，惑星科学や地質学など多様な学問分野を融合した手法が用いられるのが大きな特徴です．

ところで地球上の生物は，大小さまざまな動植物から微生物まで，すべてが同じ4種類の塩基を用いたDNAにより自己複製を行っています．このことは，地球上のすべての生物が共通の祖先から進化したことを強く示唆しています．しかし，そもそも生命の起源が1つだけである必然性はまったくありません．地球上で誕生した何種類もの生命のうちの1つだけがその後生き残り，現在の地球型生命の起源となっている可能性も十分にあります．またそうであるならば，宇宙では多種多様な生命の誕生が何度も起きているかもしれません．このように宇宙における生命誕生の現象をより一般化して研究することも，宇宙生物学の重要なテーマです．

● 2.3.2　宇宙からやってきた生命の材料

生命誕生がこの宇宙でありふれたイベントであるためには，宇宙には生命の

材料が普遍的に存在している必要があります．実は太陽系の彗星や地球に降ってくる隕石の中には，まさに生命の材料になりうる有機物が相当量含まれていることが，これまでの複数の探査や分析によって明らかになってきました．また，星・惑星形成の現場である分子雲の中でも，ダストへの宇宙線照射により，アミノ酸前駆体を含む複雑な有機物が簡単に生成されることがわかってきました．つまり，宇宙には生命の材料があふれているのです．

　太陽系を形成した分子雲の中でも同様に有機物がつくられ，それらが彗星や隕石のもととなる微惑星に取りこまれ，最終的に地球に降り注ぐことで，地球生命の材料がもたらされたと考えられます．このシナリオが正しいとすると，ほかの惑星系でも同様のプロセスを経て惑星上に生命の材料が供給されているはずです．それらを使って，地球型生命とは別のタイプの生命が誕生している可能性は十分にあるでしょう．

　一方で，生命の材料どころか生命そのものが宇宙からやってきた，という説もあります．これは「パンスペルミア説」とよばれ，古くからその可能性が提案されてはきましたが，生命が宇宙空間で長期間生き延びるのは難しく，あまり現実的な説であるとは考えられてきませんでした．ところが近年，地球上のさまざまな極限的環境下で微生物の活動が確認されてきたこともあり，宇宙空間での微生物の長期生存可能性の議論が活発に行われるようになってきています．系外惑星も含めた惑星間の生命の伝播可能性については，これから本格的に研究が進められていくことでしょう．

● 2.3.3　太陽系内のハビタブル天体

　宇宙生物学は，生命そのものについての研究だけではなく，生命を宿す天体の環境や条件についての研究も含んでいます．とくに太陽系内における地球以外の天体は，直接探査が可能なため格好の研究対象となります．ここではいくつかの代表的なハビタブル天体について，その宇宙生物学的魅力を簡単に紹介します．

a. 火　星

　現在の火星表面は，寒冷で乾燥した荒野が広がっているだけで，とてもハビタブルな環境とはいえません．しかし，多くの火星探査機が送ってきた画像を

図 2.11 バイキング探査機によって撮影された火星の流水跡地形 (Mars Digital Image Map, image processing by Brian Fessler, Lunar and Planetary Institute) 地球上の河川に似た細かな支流をもっています．この地形はバレーネットワークとよばれ，火星が過去に液体の水を保持していたことを示す地形の1つです．

みると，その表面には広大な流水跡地形がいたるところに存在していることがわかります（図2.11）．つまり，過去の火星には大量の水が存在し，地球と同じような水循環が起きていたということです．これは，過去には火星上にも生命が存在していた，あるいはいまでもどこかに隠れて存在している可能性を示唆しています．

火星における生命の可能性を探る目的ではじめて送りこまれた探査機は，1975年に打ち上げられたバイキング1号・2号です．それぞれ着陸機を火星表面に降ろし，その場で岩石や大気の分析を行いました．その際に有機物検出実験，代謝活性実験，光合成実験など，さまざまな生命探査のための実験も行われましたが，残念ながら生命の存在に対しては否定的な結果となりました．

その後しばらくの間，火星における生命探査は行われませんでしたが，1996年に大きな契機が訪れます．火星からやってきたと考えられている隕石「ALH84001」の中に，バクテリアの化石と思われる構造が発見されたという論文が発表されたのです（McKay *et al.*, 1996：図2.12）．この論文に対しては反論も多く，いまだに決着はついていません．しかしいずれにせよ，この発表によって火星生命に対する興味は一気に再燃することになり，その後火星探査機がふたたび続々と打ち上げられることになりました．

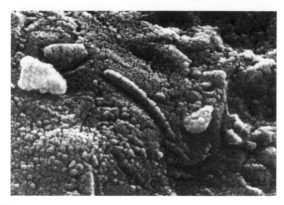

図 2.12 火星隕石 ALH84001 に含まれる鎖状構造の電子顕微鏡画像 (NASA)
極小細菌の残骸と思しき構造が含まれていることがわかります.ただし,この構造が生物の痕跡であるという議論に対しては反論も多く,現在に至るまで結論は出ていません.

2004 年に火星に着陸したオポチュニティ探査機は,火星表面に堆積岩地層を発見し,過去の火星に液体の水が存在していたことを地質学的に明らかにしました.また 2008 年に火星に着陸したフェニックス探査機は,ロボットアームで火星表面を掘削し,白い氷が露出しているのを確認しました.つまり,現在でも火星の地下には氷の形で水が残されていることがわかったのです.

現在までのところ,火星の土壌中から生命の存在,あるいは生命の痕跡の証拠はいまだ確認されていません.しかし,火星における本格的な生命探査はまだはじまったばかりです.2020 年代以降には,日本をはじめ世界中の国々が火星に探査機を送りこむ予定となっており,宇宙生物学的な実験が火星表面でつぎつぎと行われることになるでしょう.

b.エウロパ・エンケラドゥス

地球のどこで生命が誕生したのかという疑問に対して,以前は浅い海のそばの潮だまりなど,海水が濃縮される場所ではないかと漠然と考えられていました.ところが近年,深い海の底にある「海底熱水噴出孔」が生命誕生の場として有力視されるようになってきました.熱水噴出孔から吹き出す熱水には,有機物合成の材料となるメタン・アンモニア・硫化水素などの物質が多く含まれています.現在は,それらを利用する細菌や,合成された有機物を餌にしてい

図 2.13 エンケラドゥスの内部海の想像図（NASA/JPL-Caltech/Southwest Research Institute）

エンケラドゥス表面の氷の層の下に存在すると考えられている内部海の底は岩石の層と接しており，熱水噴出孔が存在すると考えられています．エンケラドゥス表面からは，内部海の水が間欠的に吹き出しています．

図 2.14 カッシーニ探査機によって撮影されたタイタン表面のメタンの湖（NASA/JPL-Caltech/USGS）

タイタン上には，液体のメタンを主成分とする湖や河川が点在していることがわかっています．

る多様な生物群が，熱水噴出孔のまわりにコロニーをつくっています．地球生物の共通の祖先が高温環境を好む高度好熱菌であることも考慮すると，海底熱水噴出孔が生命誕生の場所であった可能性は高いと考えられます．

太陽系には，地球以外にも同様の環境をもつ可能性のある天体がいくつか発見されています．木星の衛星のエウロパ，そして土星の衛星のエンケラドゥスがその代表例です．これらはいずれも厚い氷の層の下に内部海を保持しており，とくにエンケラドゥスの内部海の底には，地球の海底熱水噴出孔に似た環境が広範囲にわたって存在していることがわかってきました（図2.13）．生命の存在にとってもっとも重要な「液体の水・有機物・エネルギー」がすべて揃っているこれらの天体では，もしかすると現在進行形で生命の発生や繁殖が起きているかもしれません．

c. タイタン

ここまで，生命の誕生の条件として液体の水の存在を仮定してきましたが，水以外の液体を用いる生命はありえないのでしょうか．この問いの答えは，土星の衛星のタイタンにあるかもしれません．タイタンの表面には，水のかわりに液体メタンの湖が存在していることがわかっています（図2.14）．またこのメタンは地球の水循環と同様にタイタン上で循環しており，メタンの雲が形成されメタンの雨が降っていることもわかってきました．こうしたタイタンの表層環境を考えると，地球型生命とはまったく異なる，液体メタンを用いた「タイタン型生命」が誕生している可能性も十分にあるといえます．

またタイタンは，衛星で唯一1気圧を超える濃い大気をもっており，その組成も地球以外で唯一窒素を主成分としています．一方，地球で生命が誕生したころの原始大気には，ある程度の量の還元型気体[2]が含まれていたことが示唆されています．窒素を主成分とし，少量の還元型気体を含む濃厚な大気をもっているという点で，タイタンの現在の環境は原始地球の環境と類似している可能性が高いと考えられています．つまりタイタンは，原始地球での生命誕生につながる化学進化を解く上で，重要な示唆を与えてくれる天体になる可能性もあるのです．

---

[2] 水素や一酸化炭素など，物質から酸素を奪う性質をもつ気体．

● 2.3.4　地球外生命体発見の意義

　第2巻第1章に述べられていますが，まだ地球が宇宙の中心であると信じられていた16世紀半ば，コペルニクスによる地動説の提唱によって，地球は太陽のまわりを回る複数の惑星のうちの1つであることが明らかになりました．またその後は観測技術の発展に伴い，太陽も銀河系の中の数千億個の恒星のうちの1つにすぎないこと，その銀河系も宇宙に存在する数千億個以上の銀河のうちの1つにすぎないことなどが，つぎつぎと明らかになっていきました．宇宙科学の歴史は，私たち人類の存在の相対化の歴史だったといえるでしょう．

　そしていま，多様な系外惑星の発見により，地球はもはや特殊で奇跡的な存在などではなく，宇宙に無数に存在しているありふれた惑星の1つであることが明らかになりました．今後実現される（かもしれない）地球外生命体の発見は，ついに生命の存在をも相対化し，私たち人類にまったく新しい世界観をもたらすことになるでしょう．宇宙生物学は，コペルニクス以来，人類史上最大のパラダイムシフトを起こす学問になるかもしれません．

引用文献

Gillon, Michaël *et al.*: Seven temperate terrestrial planets around the nearby ultracool dwarf star TRAPPIST-1. *Nature*, **542**: 456–460, 2017.

Kopparapu, Ravi Kumar *et al.*: Habitable Zones around Main-Sequence Stars: New Estimates. *The Astrophysical Journal*, **765**: 131, 2013.

Mayor, Michel and Didier Queloz: A Jupiter-mass companion to a solar-type star. *Nature*, **378**: 355–359, 1995.

McKay, David S. *et al.*: Search for Past Life on Mars: Possible Relic Biogenic Activity in Martian Meteorite ALH84001. *Science*, **273**: 924–930, 1996.

参考文献：初心者向け

阿部　豊：生命の星の条件を探る，文藝春秋，2015.
　　日本におけるハビタブルプラネット研究の開拓者による，長年にわたるハビタブル関連研究の集大成．研究者がどのように仮説を立て，どのように検証し，どのように新しい世界観をつくっていくのか，を追体験できます．

井田　茂：系外惑星と太陽系，岩波書店，2017.
　　最新の系外惑星の話題と，太陽系自身への問いと，その両方がコンパクトに詰まった新書です．多様な系外惑星の発見によって，私たち人類が「太陽系中心主義」から解放されようとしていることがよくわかります．

佐々木貴教：「惑星」の話—「惑星形成論」への招待，工学社，2017.

現在の太陽系の姿やそれらの起源について，さらには系外惑星も含めた生命を宿す惑星の形成理論について，やさしく解説しています．古典的な理論の枠組みから，未解決問題を含む最新の話題まで，幅広く学ぶことができます．

📖 参考文献：中・上級者向け

井田　茂ほか（編）：系外惑星の事典，朝倉書店，2016.

系外惑星の観測，ハビタブルプラネット，惑星形成論など，系外惑星に関するあらゆる事項が1冊にまとめられています．気になる項目を拾い読んでいくうちに，自然と複合的で大局的な視点が身についていきます．

田村元秀：太陽系外惑星（新天文学ライブラリー1），日本評論社，2015.

系外惑星の観測手法について網羅的に解説してある，おそらく日本語では唯一の教科書です．観測天文学の基礎についても簡単にまとめてあり，初学者でも独力で読み進められるよう工夫されています．

山岸明彦（編）：アストロバイオロジー　宇宙に生命の起源を求めて，化学同人，2013.

宇宙生物学に関連する多種多様なトピックを，それぞれの分野の第一線の研究者が解説しています．宇宙生物学独特の，分野横断・学際的な雰囲気を味わいながら学んでいくことができます．

chapter 3

太陽活動の長期変動と地球気候（宇宙気候）

浅井　歩

　太陽から放たれる光のエネルギーは，地球上に降り注ぎ，あらゆる生命活動の源となっています．そのため，太陽からの光は，「恵み」をもたらすものとして，信仰の対象ともなってきました．そして太陽は，太陽系つまり人類が進出しようとしている宇宙空間（space）の絶対的な王者でもあります．ただし，太陽は決して「定常」ではなく，太陽面では爆発などの荒々しい現象が起きています（宇宙天気）．強烈な光や大量の磁気を帯びたガス，高エネルギー粒子を宇宙空間にまき散らし，かき乱しています．さらに，その活動度は一定ではなく，黒点の多い・少ないなどの変動があり，またそれに伴って，太陽からの光や宇宙からやってくる高エネルギー粒子（宇宙放射線）の量などは変動しています．そしてこれらの変動は，地球の気候にも影響を及ぼしていると考えられています（宇宙気候）．現に，太陽活動が極端に少なかった時期があり，そのころ全世界的に寒冷化していたということがわかってきています．過去の太陽黒点の変動とは，どのようなものでしょうか？　最近の黒点数の変化は，地球温暖化とどのような関係があるのでしょうか？　宇宙気候を探るには，どのような方法があるのでしょうか？　この章で概説します．

3.1　太陽の活動周期

　第1巻第4章の柴田一成による『太陽の脅威とスーパーフレア』にもありますが，太陽では大小さまざまな規模の爆発現象が起きています．また，それらに伴い，大量のガスが宇宙空間に放出されます．高速な噴出物の前面には衝撃波ができ，高エネルギー粒子が加速されます．そのため巨大な爆発（フレア）や大規模な噴出現象がひとたび起きると，地球を含む宇宙空間ははげしくかき

乱され，オーロラなどを引き起こす（第2巻第3章の海老原祐輔による解説を参照）ほか，人工衛星の故障や送電線網に大電流が流れることにより地上で大停電を引き起こすことがあります．現代社会は，カーナビや位置情報でGPS衛星を利用したり，短波通信を利用したりするなど，宇宙空間を必須なインフラとして活用していることから，地球の文明生活への被害も無視できません．そのため，宇宙空間の乱れを監視したり予報したりする「宇宙天気予報」がとても重要になってきています．あるいは，超巨大なフレアが，かつての地球の大量絶滅の原因となった可能性も指摘されています（第3巻第5章の山敷庸亮の解説もご覧ください）．

　太陽フレアは，黒点のそばで発生します．これは，太陽黒点が磁場の強い領域であり，また太陽フレアは磁気エネルギーの解放現象だからです．大規模な太陽フレアおよびそれに伴って起きるような宇宙天気現象は，とくに複雑で大きな黒点に伴って起きます．一方で，黒点はいつでも太陽表面でみられるわけではありません．黒点は，出現〜成長〜分裂・崩壊という過程を経ますし，太陽も自転をしていますから，観測するタイミングにより，黒点の様子はまちまちです．また，もっと長期的な視点でみると，黒点が多く観測される時期，少ない時期，すなわちフレアの多い／少ない時期が，周期的に起こっていることがわかってきました．

　第2巻第1章の伊藤和行の解説にもあるように，1611年，ガリレオ・ガリレイらが天体望遠鏡を用いて太陽黒点を観測しました．これ以降，望遠鏡を用いた黒点のスケッチが記録されるようになりました．そのため，太陽黒点の記録は過去400年間さかのぼることができます．のちにも触れますが，それ以前の太陽活動を探る手法はいくつかあります．たとえば第2巻の玉澤春史によるコラムでは，歴史文献から，より古い太陽活動・宇宙天気現象を探る研究プロジェクトについて述べられていますが，まずは，「望遠鏡を用いた黒点スケッチ」というある種系統だった観測データがある時期を中心に，この400年間について議論することにしましょう．図3.1に過去400年間の黒点数の変化を示します．

　この図から，太陽黒点の数の多い／少ない時期が「周期的」に現れていることがはっきりとみてとれます．この周期的な太陽黒点の変動は，1843年には

44　｜　3　太陽活動の長期変動と地球気候（宇宙気候）

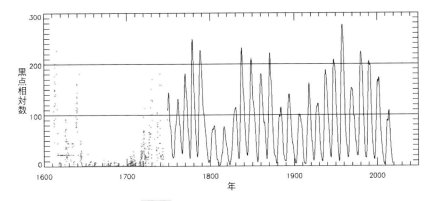

図 3.1 過去 400 年の黒点数の変化

実線はベルギー王立天文台・SILSO (Sunspot Index and Long-term Solar Observations) による値，点描は Hoyt and Schatten (1998) の値を示しています．

ハインリッヒ・シュワーベ (Samuel Heinrich Schwabe) により報告されました．そしてこの周期は，約 11 年（9 年から 13 年の幅がある）であることが知られています．太陽フレアの発生回数も，この黒点の 11 年周期と同期して変動します．太陽黒点やフレアの多い時期を太陽活動の極大期，少ない時期を極小期とよんでいます．太陽は，活動度が周期的に変化する，いわば脈動する星なのです．

3.2 太陽の黒点と磁場とダイナモ

ここで，黒点についてもう少し詳しくお話ししましょう．黒点は，太陽内部にある巨大な磁気のチューブ（の一部）が浮上し，太陽表面に出てきたときの断面です．そのため，N 極・S 極の磁場極性をもった 2 つの黒点が，対となって出現します（図 3.2）．太陽も自転をしているのですが，その方向は地球から太陽をみたときに東（左）から西（右）になっています．この自転方向を考慮して，西側に現れる黒点を先行黒点，東側の黒点を後行黒点とよびます．先行（後行）黒点の磁場極性は，太陽の南北半球で逆になっていて，1 つの活動周期ではずっと同じ向きになっています．ところが，つぎの活動周期では，すっかり入れかわるのです（ヘールの法則：図 3.3 上）．

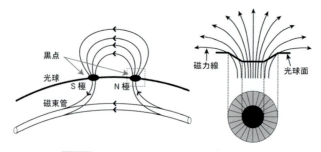

図 3.2 黒点の形成（左）と黒点の概略図（右）

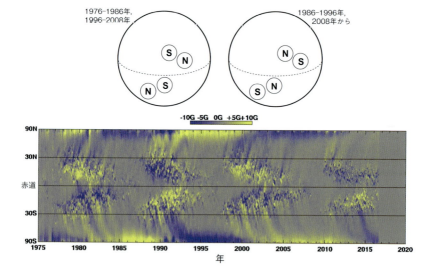

図 3.3 太陽黒点の磁場極性と太陽磁場の長期変動
（上）太陽黒点の磁場極性の模式図．点線は太陽の赤道，丸囲みの N/S はそれぞれ N 極，S 極磁場極性をもつ黒点を表しています．（下）太陽磁場の長期変動．縦軸は太陽の緯度，横軸は時刻（数字は西暦）．黄色や青は，それぞれ N 極，S 極で磁場強度の強い場所を表しています（Hathaway NASA ARC, 2016）．

もう 1 つ，太陽の北極・南極付近には，黒点は出現しませんが，1 つの活動周期（11 年間）にわたってずっと同じ磁場極性をもつ領域が広がっています．このため，太陽には，南北方向を貫く磁力線があると考えることができます．そしてその極性は，極大期で入れかわります．そのため，磁場極性まで考慮す

ると，太陽周期は 22 年となります．

　図 3.3 下をご覧ください．この図は縦軸に太陽の緯度，横軸に時間（数字は西暦）を書いたものです．黄色と青の領域は磁場が強い場所に相当します．11 年の活動周期の最初のころは，黒点は高緯度で出現することが多く，やがて低緯度側に出現場所が移動することが知られています．このため，縦軸に太陽面の黒点出現緯度，横軸に黒点出現時間として表示すると，特徴的なパターンが現れます．まるで蝶が羽を広げているようにみえることから，このような図は「蝶型図」（バタフライ・ダイアグラム，butterfly diagram）とよばれています．また，南北の極域付近には青／黄色のパターンが 1 つの活動周期の長さにわたって続いていることがわかります．

　このように，磁場を周期的につくり出すためのメカニズムとして，ダイナモ機構がはたらいていると考えられています．ダイナモ機構は，電離したガス（プラズマ）の流れと磁場がお互いに作用することで太陽の磁場が生成されるメカニズムです．太陽は，プラズマでできており，自転しています．さらに，赤道付近は速く，北極南極の近くでは遅いというように，太陽の自転角速度は緯度によって異なっています（図 3.4）．このような自転（差動回転とよびます）のため，太陽を南北方向に貫いている磁力線は，東西方向に引きのばされます．太陽が何回転もするうちに，ついには東西方向に輪っか（リング）状の磁力線（磁気チューブ）が，南北半球に 1 つずつ形成されます．このリング状の磁気チューブの一部が浮上し太陽表面に現れると，黒点として観測されると考えられています．このモデルだと，1 つの活動周期にわたって先行／後行黒点の磁場極性が変わらない，という観測事実を説明することができます．

　さらに，太陽の表面付近には，南北方向の流れ（子午面還流とよばれる）もあります．少し前に述べた「北極南極の磁場極性の変化」を説明するためには，東西方向の磁気チューブから南北方向の磁場をつくる効果がはたらいているはずで，これには太陽のコリオリ力[1]や太陽表面付近の乱流的な運動，子午面還流などが効いていると考えられています．そして，太陽活動の極大期のころには極域の磁場極性が反転します．このような磁場の生成，反転のサイクル

---

[1] 　回転するものと一緒に動くような座標系にいるときに，運動するものにはたらく見かけ上の力．

3.2　太陽の黒点と磁場とダイナモ　｜　47

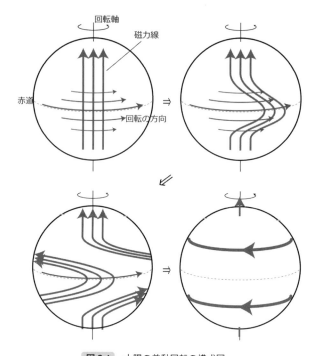

図 3.4 太陽の差動回転の模式図
南北に走る磁力線が，差動回転により東西方向に引きのばされ，北半球・南半球にそれぞれ大きなリング状の磁気チューブを形成します．

が約 11 年かけて起きており，そのプロセスがくり返されていると考えられています．

3.3 「ミニ氷河期」

さて，ここで図 3.1 をもう一度みてください．この図から，もう 1 つ，1645 年ごろから 1715 年ごろにかけて，黒点が著しく少ない時期があることがわかります．このことは 19 世紀にはすでに指摘されていたのですが，過去の太陽黒点の観測スケッチは人によって均質ではないことや，天気による要因，また観測抜けなどの可能性もあるため，その記録の「正確さ」を正しく評価することが大変難しく，信ぴょう性が疑われることもありました．しかし，さまざま

な検証により，やはりこの時期の太陽活動が極端に低調だったことが裏づけられています．1976年にジョン（ジャック）・エディ（John（Jack）A. Eddy）は，発見者の名前にちなみ，これらの時期を「マウンダー極小期」と名づけました．太陽は脈動すると書きましたが，ときどき冬眠するかのようにおとなしくなるようです．

ところで，ヨーロッパの各国では，この時期寒冷であったことが知られています．たとえば，図3.5は，イギリス・ロンドンのテムズ川に氷が張り，その上で氷上パーティを楽しむ，という様子を表した絵画です．現代では，真冬でもテムズ川がここまで厚い氷を張るようなことはありませんから，この絵画が描かれた時期は「寒かった」と推測できます．ヨーロッパだけに限りません．日本でも，江戸時代初期にあたる当時はたびたび飢饉に見舞われていました．全世界的に寒冷であったと考えられるのです．「ミニ氷河期」とよばれることもあります．

太陽活動が極端に低調だった時期と，全世界的に寒冷だった時期が重なることから，太陽活動と地球気候との間には関係があるのかもしれないと着目され，議論がなされてきました．地球上のあらゆる生物が，太陽光で生命をつないでいますから，注目されるのも当然だともいえますね．このような，太陽活動の長期変動が地球の気候に及ぼす影響のことを「宇宙気候（Space Climate）」とよんでいます．

図3.5　テムズ川での氷上パーティ（"The Frozen Thames", Abraham Hondius, 1677, ロンドン博物館所蔵）

3.4 太陽総放射量：TSI（Total Solar Irradiance）

　太陽からは，光のエネルギーが放出されています．太陽から1億5000万km離れた地球では，1 m^2（1辺が1 mの正方形）あたり1361 W（ワット）のエネルギーを受けとっています．これは，1 m^{2}に100 Wの電球が13個強敷き詰められた明るさに匹敵します．これを，「太陽定数」とよんでいます．定数とよぶだけあって，この値（太陽からやってくる光のエネルギー）はとても安定しています．しかし，実は，一定ではない（定数ではない）こともわかっています．

　図3.6をご覧ください．左には，比較的大きな太陽黒点が現れています．この日の太陽からの放射エネルギー量は1360.52 W/m^2，つまり，平均より少し暗いことになります．黒点は，太陽表面に現れる「暗い」領域のため，大きな黒点や，黒点が多く見られる日は，太陽はほんの少し暗くなっているのです．一方，右はどうでしょう．この写真は左の図からわずか6日後の太陽のものですが，太陽からの放射エネルギー量は1361.80 W/m^{2}と，やはりほんの少しではありますが，平均より明るいことがわかっています．

　この日の太陽画像でも，黒点は複数確認できるのに，放射エネルギー量が高くなっているのはどうしてでしょうか？　太陽の縁のあたりに注目してみまし

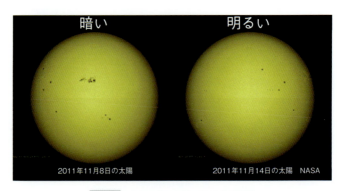

図3.6　2011年11月ごろの太陽画像
（左）11月8日，（右）11月14日．SDO衛星のAIAにより観測された白色光画像（NASA）．

50　｜　3　太陽活動の長期変動と地球気候（宇宙気候）

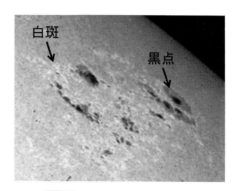

図 3.7 黒点の周辺でみられる白斑
太陽の縁付近で黒点の周辺にみられる明るい領域．京都大学飛騨天文台ドームレス太陽望遠鏡で観測（2001 年 5 月 18 日）．

ょう．図 3.7 は，別の日の太陽画像ですが，太陽の縁近くに黒点が現れているときのものです．黒点は相変わらず暗くみえますがその周辺でところどころ明るくみえる領域があることがわかるでしょうか？　これらは「白斑」とよばれています（図 3.7）．磁場が強い領域であることが知られています．白斑は周辺より明るいため，白斑が多く現れると，太陽からの放射エネルギー量は増えます．つまり，暗い（放射エネルギー量を減らす）黒点と明るい（放射エネルギー量を増やす）白斑のバランスで，太陽からの放射エネルギー量（明るさ）は決まるようです．そして，黒点と白斑は，どちらも磁場に起因するのですが，長期的な視点でみると，太陽活動が活発で磁場が多く太陽表面に現れる太陽活動期に，太陽が明るくなっていることがわかっています．

　図 3.8 は，太陽黒点数と太陽総放射量（Total Solar Irradiance；TSI）の過去 40 年ほどの変動を示したものです．TSI（上段）の変動にはところどころ急激に減少している箇所がみられます．これらは観測の誤差などではなく，大きな黒点が現れたこと，複数の黒点が現れたことなどにより，一時的に TSI が減少していることによります．一方で，全体としては，黒点数の変動と TSI の変動は，同期しているようにみえます．このことから，太陽が活発で太陽表面に磁場が多く現れる時期は，太陽からの放射が増えている，太陽が明るくなっていることが確認できます．

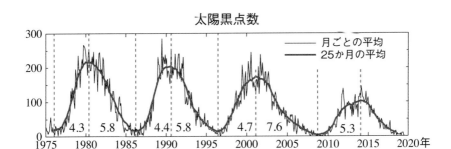

図3.8 太陽総放射量（TSI：上段）と太陽黒点数（下段）の比較（http://www.columbia.edu/~mhs119/Solar/ より改変，2019年8月7日確認）

PMOD や SORCE は観測装置の名前，下段の数字は極小から極大，極大から極小までにかかった時間（年）を示しています．

　それでは，やはり，太陽からの放射が地球の気候に影響を及ぼしているのでしょうか？　この問いに答えることは簡単ではありません．TSI の変動幅に注目しましょう．TSI は黒点数と同期して変動しますが，その変動幅は，1つの活動周期（つまり11年間）でせいぜい±1 W/m² 程度です．これは，平均値（太陽定数）が1300 W/m² 程度であることと比較して，わずか0.1%の変動に過ぎないことになります．さすがに定数とよぶだけあって，非常に安定しているのです．

　気候変動に関する政府間パネル（IPCC）では，太陽活動周期や TSI の変動は，（火山活動などと並んで）自然起因の気候変動の重要な要因と認識されて

いますが，TSI の変動幅が小さいことを根拠に，太陽放射の変動が地球の気候に与える影響は小さいと判断されています．とくに，「1970 年代末から人工衛星により直接 TSI を測定するようになってから以降の気温上昇は，太陽変動では説明できない」としています．そのために，ここ約 150 年間での地球平均気温の上昇は，おもに二酸化炭素などの温室効果ガスによるものであると議論されています．

　TSI は，地球大気による吸収や反射といった影響を避けるため，人工衛星により，宇宙空間で計測されています．しかし，これらは 1 機で計測されたものではありません．個々の観測装置のデータは精度が高く，また 10 年を超えた継続観測も達成されたことにより，太陽活動周期（黒点が多い／少ない）に同期して TSI が変動する（TSI が高い／低い）ことは確認されています．より長期の TSI 変動をみるためには，複数の衛星観測データをつなぎ合わせる必要がありますが，観測装置ごとの TSI の値には大きなずれがあります．そして，どのように観測装置同士のデータをつなぐか，較正の手法によって，長期変動つまり約 40 年間の変動は，ほぼ変動なし・ゆるやかに上昇・ゆるやかに下降と，まちまちなのです．図 3.8 上で示した TSI の長期変動も，複数の観測装置をつなぎ合わせたものです．ましてや，過去約 100 年スケール・400 年スケールでの太陽放射の変動は，よくわかっていません．マウンダー極小期のころは TSI も低かったと推定されていますが，その低下量の見積もりも，0.8 W/m^2 から極端な場合で 3 W/m^2 とモデルによって大きな差がある状況です．もしこれだけ TSI が低かったとなると，十分にミニ氷河期を説明できます．

3.5　太陽紫外線放射量の変動

　太陽からは，さまざまな光が放たれています．前節までは，それらすべてを考慮した「総放射量（TSI）」について話をしました（ただし，そのほとんどは目でみえる光「可視光」が担っていますので，可視光の変動と読みかえてもほぼ同じです）．一方，太陽の「紫外線」放射の長期変動と地球気候の関係にも関心が高まっています．紫外線は，目ではみえない波長の短い光で，日焼けの原因となるなど生命に有害なものとして認識されているかと思います．

太陽からの紫外線は，ほとんどは地球大気により吸収され，私たちが生活する地表面に到達するのはごく一部です．また，紫外線の波長によって吸収される大気層は異なりますが，熱圏・中間圏・成層圏などまで侵入しています．そして，地球大気中の原子や分子を電離（光により原子・分子を電子とイオンとに分ける作用）します．太陽紫外線放射もまた，極大期で明るくなるなど，太陽活動周期に伴う変動を示しますが，その振幅はTSIのそれ（0.1%）と比べてずっと大きく，波長によっては10〜100%となっています．紫外線は，地表面には届きませんが，吸収される地球超高層大気には直接影響を及ぼしています．もし超高層大気の変動が下層の対流層に何らかの作用で影響を及ぼすのであれば，太陽紫外線放射の変動が地球気候に影響を及ぼす可能性があります．このような観点から，太陽紫外線放射の変動に着目が集まっています．

　太陽の紫外線はどこから放たれるのでしょうか？　太陽には，目（肉眼）でみたときの表面である光球という薄い層があります．温度は約6000度です．可視連続光はここから放たれており，図3.6のようなのっぺりとした様子を示します．太陽黒点がよくみえます．その上層に，彩層とよばれる温度約1万度の太陽大気が広がっています．さらにその上空には，温度200万度以上と高温の大気層であるコロナが広がっています．太陽紫外線は，おもに彩層から放たれています．図3.9（口絵3）に例を示します．左はNASA（米国航空宇宙局）の人工衛星SDO搭載の紫外線撮像装置AIAによる太陽紫外線（170 nm）の画像，中と右は，可視光領域だけれど太陽彩層に感度があるスペクトル線（それぞれ，ハワイ・マウナロア太陽観測所で撮影されたカルシウムK線，京都大学飛騨天文台SMART望遠鏡によるHα線）で観測した太陽の様子です．これらは特徴がよく似ていることがわかります．とくに黒点の周辺にみられる明るい領域（プラージュとよばれます）には，多くの共通点がみられます．

　先に，太陽からの紫外線は，地球の超高層大気で吸収され，そこに影響を及ぼす，と書きました．ここではその中でも地磁気静穏時日変化場（geomagnetic solar quiet daily variation，地磁気Sq場）と電離層全電子数（total electron content；TEC）の変動に着目しましょう．地磁気Sq場は，約100〜200 nmの紫外線を高度約90〜120 kmの地球大気が吸収することで生じる電流に起因するものです．また，TECはより高度の高い（約200〜500 km）高層の電離層

54　│　3　太陽活動の長期変動と地球気候（宇宙気候）

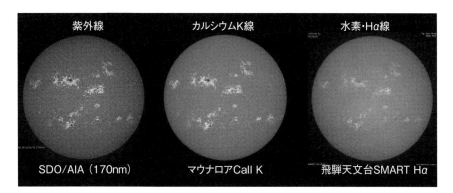

図 3.9 太陽彩層の様子
太陽紫外線画像（左：NASA の SDO 衛星 AIA による 170 nm 画像），カルシウム K 線画像（中：ハワイ・マウナロア太陽観測所による），Hα 線画像（右：京都大学飛騨天文台 SMART 望遠鏡による）の比較（2013 年 5 月 16 日）．カルシウム K 線や Hα 線は，どちらも可視光領域にある吸収線で，太陽彩層を観察することができます．（口絵 3 参照）

で，50 nm よりも波長の短い紫外線による電離の結果生じる電子の数です．季節変化など，地球固有の変動を差し引いた変動の様子を図 3.10 の右上・右下にそれぞれ示します．図 3.10 左上は，太陽黒点数の変動です．このように，黒点数の変動に同期して，太陽紫外線放射も変動していることが確認できます．図 3.10 右下は，波長 10.7 cm（周波数 2.8GHz）の電波放射強度（F10.7）の，同じ時期の変動を示します．F10.7 電波強度の変動も，ほかの物理量とよく似た変動をします．また，この周波数の電波もまた，太陽の彩層からの放射が寄与していることが知られています．

太陽紫外線の撮像観測は，（紫外線は地表面に届きませんから）人工衛星により行われますが，とくに太陽全面での定常的な観測データは，2010 年以降の SDO 衛星によるものに限られます．一方で，F10.7 強度は，黒点数をはじめ，太陽活動とよい相関を示すこと，またその記録が 1947 年までさかのぼることができることから，これまで太陽紫外線放射の指標として用いられてきました．しかし，2008，2009 年ごろの太陽活動極小期で，F10.7 強度が，ほかの物理量と比べて低下量が際立って小さい，ということがわかりました．地球大気の応答からは，このころの紫外線放射は F10.7 強度から推測される低下量

3.5 太陽紫外線放射量の変動 | 55

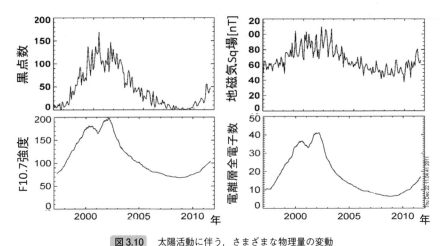

図 3.10 太陽活動に伴う，さまざまな物理量の変動
左上は太陽黒点数，左下は太陽電波 F10.7 強度（波長 10.7 cm の電波），右上は地磁気 Sq 場（グアム観測局），右下は GPS 衛星による日本上空での電離層全電子数の変動の様子．季節に伴う変動成分は取りのぞいてあります．これらの変動は，それぞれよく似ていますが，2008 年の極小期で F10.7 強度の低下率が小さいなどの違いがみられます．

よりも下がっていないといけないことから，F10.7 強度は太陽紫外線放射の指標として不十分であり，これにかわる指標が必要となってきています．

そこで，太陽彩層画像を用いた太陽紫外線放射強度を推定する研究が進められています．カルシウム線や Hα 線といった彩層の画像なら，約 100 年間の観測データの蓄積が世界中にあります．京都大学では，花山天文台や生駒山太陽観測所などで 1928 年から観測が行われていますし，国立天文台では 1917 年から，インドのコダイカナル観測所にいたっては 1907 年からカルシウム K 線の太陽彩層観測データが蓄積されています．知りたい紫外線の波長そのものではありませんが，図 3.9 でみたような，紫外線画像と彩層画像との共通点から，太陽紫外線放射の長期変動を調べることが可能かもしれません．これらの古いデータは，写真乾板で記録されており，ただちに紫外線の放射強度などを推定することはきわめて難しいのですが，明るいプラージュはみてとれますから，その面積の変化などから，太陽紫外線の放射強度の長期変動を探る試みが行われています（図 3.11，口絵 4）．

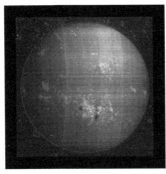
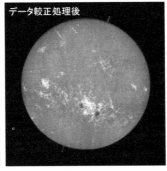

図 3.11　1947年4月6日，観測史上最大の黒点が観測された日の太陽カルシウムK線画像．京都大学生駒山太陽観測所で撮影．左は乾板データをスキャンしデジタル化したもの，右は画像ムラの除去などデータ較正処理を施したもの．（口絵4参照）

3.6　過去の太陽活動を探る

　黒点の記録よりも過去の太陽活動を探る研究も，盛んに行われています．その謎を解く手段の1つに，宇宙線（宇宙放射線）があります．宇宙線は，太陽系の外，はるか遠くの宇宙からやってくる，きわめて高エネルギーの荷電粒子です．超新星残骸などにより加速されています．宇宙空間には，このような宇宙線が飛び交っています．宇宙線は，地球上にも届き，中性子モニターなどで検出されます．一方で，太陽からは，「太陽風」とよばれる高温（約100万度）で電離したガスが噴き出しています．そして，太陽風が及ぶ勢力範囲「太陽圏」を形成しています．太陽活動が盛んなとき（極大期）は，太陽圏は広がります．そのため，電荷を帯びている宇宙線はこの勢力範囲内に入りにくい状態になります．逆に極小期では，比較的たくさんの宇宙線が侵入します．そのため，太陽活動と宇宙線の強度には，逆相関の関係があります（図3.12）．この性質を利用するのです．

　宇宙線が地球大気と衝突する際には，炭素14やベリリウム10などの放射性同位体[2]を生み出します．それらは樹木や降雪に取りこまれ，木や氷の中に記録として残ります．このことを利用して，大木の年輪や南極・グリーンランド

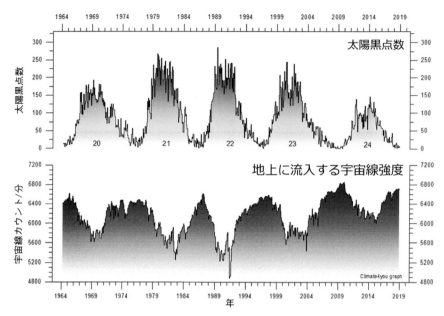

図 3.12 太陽黒点数（上段）と地上に流入する宇宙線強度（下段）の変化
（https：//www.climate4you.com/Sun.htm より改変）

太陽黒点の多い時期には宇宙線強度が低下することがわかります．上段の数字（20, 21, …）は，1749 年からはじまる黒点数の記録に基づき，（1749 年を含む活動期を 0 として）活動期ごとに振られた番号．

の氷柱など，年（年代）ごとに切り分けられるものから，各年（年代）での放射性同位体の量を測定することで，年ごとの宇宙線の量，すなわち太陽活動をおおよそ知ることができるのです．

太陽黒点の記録は，過去約 400 年分しかありませんが，この宇宙線の量からは，それ以前の太陽活動を知ることができます．図 3.13 はこうして求められ

---

2) 同じ元素で中性子の数が違う原子核の関係を同位体といいます．このうち，原子核が不安定なために，ほかの元素に放射線を出しながら変化するものを放射性同位体といいます．炭素の場合，陽子 6 つ中性子 6 つの炭素 12 は安定ですが，陽子 6 つ中性子 8 つの炭素 14 は不安定なため，炭素の放射性同位体となります．自然界でも存在しますが，宇宙線などの高エネルギー粒子により原子核反応が起き生成されます．放射性同位体は，放射線を出してほかの元素に変わります（崩壊するといいます）が，その量が半分になるのにかかる時間である半減期が決まっています．炭素 14 の場合，窒素 14 に崩壊する半減期は 5730 年です．

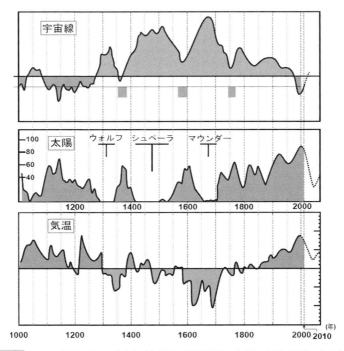

図3.13 1000年間の太陽活動変動（宇宙線・太陽黒点数・気温の変化）（提供：丸山茂徳）

た，過去約1000年の宇宙線とそれから推定される太陽黒点数の変化のグラフです．また別の情報（氷柱や年輪の厚さ，植生や豊凶・花粉の記録，氷河の痕跡などなど）から当時のおおよその気温を推定し（図3.13下段），これらと比較してみると，やはり，太陽活動の活発な時期は気温が上昇する，という相関がみてとれます．また最近，中国などでみられるトラバーチンという石灰質堆積岩の中に，1年に1層ずつ堆積するという「年層」を示す場合があり，このような堆積物を用いると，宇宙線の年代計測が，1年ずつ，なんと数十万年前までさかのぼれることもわかってきました．より長い時間スケールの太陽活動変動が，明らかになっていくでしょう．

余談ですが，超新星爆発が起きたり，太陽で超巨大なフレア（スーパーフレア）が起きたりすることで，宇宙放射線が比較的短時間で上昇することがあります．たとえば，名古屋大学の三宅芙沙らにより，西暦774年から775年にか

3.6 過去の太陽活動を探る ｜ 59

けて宇宙線の急激な変動が年輪中から見つかっており，太陽でのスーパーフレアによるものではないか，と議論されています（このようなイベントと太陽活動は，時間のスケールにより切り分けることができます．1，2年の変動は約11年の太陽活動変動に比べて十分に「短い」変化なのです）．このような過去の「イベント」の痕跡も，宇宙放射線量の変動から探ることができるのです．

3.7 　宇宙線強度変動の地球気候への影響

　先ほど，太陽活動の長期変動を宇宙線で探る，という話をしました．一方，宇宙線そのものが地球気候に影響を与えているという説を唱える研究者もいます．1997年にヘンリク・スベンスマルク（Henrik Svensmark）は，宇宙線が雲核の形成に作用する，つまり雲の量に影響を及ぼしており，このことで地球の気候にも影響を及ぼすという仮説を提唱し，話題となりました（「スベンスマルク効果」とよばれています）．

　地球の雲は，太陽光を宇宙空間へ反射する反射率（アルベド）を変えることで地表面への太陽光到達量を変動させたり，逆に地表面からの放熱（放射冷却）を妨げる保温効果をもっていたり，地球気候に対してさまざまな影響を与えます．雨の日は晴れの日よりも気温が下がることが多いですし，よく晴れた夜は放射冷却のために曇りの日よりも気温が下がります．スベンスマルクは，太陽圏外から飛来するとくにエネルギーの高い宇宙線は，比較的低層の雲を効果的に生成する（宇宙線が地球大気の深くまで侵入し，そこで雲核を形成する），という可能性を説いています．宇宙線の増加により，低層雲がより多く生成されると，雨量が増え，地球が寒冷化するというものです．しかしながら，この説は検証実験で再現できなかったなどの報告，宇宙線が雲の生成に影響があるとしてもきわめて小さいと評価する報告などもあり，IPCCなどにおいてもスベンスマルク効果は採用されていません．

3.8 　暗くて若い太陽のパラドクス

　さらに，もっともっと長い時間スケールでの太陽放射変動を考えてみましょ

う．第1章の嶺重慎による解説にもありますが，私たちの太陽を含め，恒星は暗黒星雲の中で生まれ，やがて恒星の中心で核融合反応がはじまり，主系列星となります．しかし，主系列星になったばかりの太陽は，現在より少し小さく，また暗かったと考えられます．そして，この点からは，地球が太陽から受けとる放射エネルギーは少なく（たとえば40億年前の太陽の放射エネルギーは，いまの約70%程度），当時の地球は全球凍結するくらいに寒かったと推定されるのです（図3.14）．つまり，ハビタブル・ゾーン（生命持続可能領域）の外側の境界を出てしまうことになります（第2章佐々木貴教の解説を参照）．

一方，地質学的にそのような痕跡はありません．地球初期の生命誕生の兆候は約35億年前にまでさかのぼることができ，はるか昔であっても液体の水が存在するくらいには十分に暖かかったことになります．この矛盾は，「暗くて若い太陽のパラドクス（faint young Sun paradox）」とよばれ，近年議論されています．まだ解明はされていませんが，地球の大気が温室効果ガスに覆われていたという説や，太陽からの放射エネルギーが十分であったという説があります．もしかすると若い太陽は，小さいながらもいまよりずっと磁気活動が盛んで，紫外線放射も強く，結果として十分な放射エネルギーを出していた可能性があります．太陽紫外線放射の地球気候への影響が解明されることで，このパラドクスを解くきっかけが得られるかもしれません．

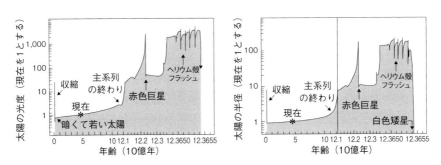

図3.14 太陽の進化に伴う光度（左）と半径（右）の時間変化（Sackmann, 1993より改変）

3.9 現在の太陽活動

　最後に，もう一度図3.1に注目してください．2014年ごろに，太陽は極大期を迎えたのですが，これが過去約100年ぶり，つまり1900年ごろと同程度に低調だったのです．その前の3つの極大期あたりから徐々に低下しているようにもみえます．また，2008年ごろの極小期も，極端に期間が長く，黒点がまったく観測されない「無黒点」の日数の多さや，宇宙線の強度（図3.12）の高さも記録的なものでした．

　現在，「つぎの極大期がどうなるのか？」について高い関心が寄せられ，太陽ダイナモの観点，極域磁場の強度との経験的な関係などから，研究が進められています．たとえば，極大期の長さが短いと極大のピークが高くなる（黒点数が多くなる），とくに極小から極大までの期間が短いとピークの高い極大期になるということが経験的に知られています（図3.8をみて下さい）．また，3.2節で書いたように，太陽の北極・南極付近の磁場極性は極大期に入れ替わりますが，この極付近での（入れ替わる前の）磁場強度が強いとその極大期のピークが大きいことも知られています．その他にもいろいろなモデルがあり，それらによると，太陽活動が「活発になる」から「より低調になる」まで幅広い予報結果が報告されています．実際にどうなるのかは，次の極大期にならないとわかりませんが，多くの研究結果は，2014年ごろと同程度（あるいは若干低調）と予想しています．ここまでみてきたことを振り返ると，もっと長期的にみて，もしかすると太陽は低調期に入り，それに伴い，地球では寒冷化が起こる可能性もあります．

　太陽活動と地球気候との間には関係がありそうですが，化学反応や大気大循環を考慮しなければならないなど，地球大気の複雑な体系を考えると，理解することは簡単ではありません．太陽総放射量TSIは直接地表面に届きますが，変動幅が小さすぎて気候への影響が小さいようにみえます．高エネルギーの宇宙線は雲の生成に影響を及ぼす可能性が提唱されていますが，検証が進んでいません．太陽紫外線放射による気候変動については，地球大気システムのモデル計算に基づく評価が進んでいます．そのためにも，太陽紫外線放射の長期変

62 ｜ 3　太陽活動の長期変動と地球気候（宇宙気候）

動の見直しが求められています．宇宙気候の解明には，太陽物理学・地球超高層大気物理学・地球気象学など関連する分野の研究者がしっかり連携することがますます重要になっています．

　本章に記載されている内容の一部は，MEXT/JSPS 科研費 JP15H05816 の助成を受けたものです．

引用文献

Eddy, John Allen: The Maunder Minimum. *Science*, **192**: 1189–1202, 1976.

Hale, George Ellery and Nicholson, Seth Barnes: The Law of Sun-Spot Polarity. *Astrophysical Journal,* **62**: 270, 1925.

Hoyt, Douglas V. and Schatten, Kenneth H. : Group Sunspot Numbers: A New Solar Activity Reconstruction. *Solar Physics*, **179**: 189–219, 1998.

Lean, Judith *et al.*: Reconstruction of solar irradiance since 1610: Implications for climate change. *Geophysical Research Letters*, **22**: 3195–3198, 1995.

Miyake, Fusa *et al.*: A signature of cosmic-ray increase in AD 774–775 from tree rings in Japan. *Nature*, **486**: 240–242, 2012.

Sackmann, Inge-Juliana *et al.*: Our Sun. III. Present and Future. *Astrophysical Journal*, **418**: 457–468, 1993.

Schwabe, Heinrich: Sonnenbeobachtungen im Jahre 1843. *Astronomische Nachrichten*, **21**: 233–236, 1844.

Solanki, Sami Khan *et al.*: Solar Irradiance Variability and Climate. *Annual Review of Astronomy and Astrophysics*, **51**: 311–351, 2013.

Svensmark, Henrik and Friis-Christensen, Eigil: Variation of cosmic ray flux and global cloud coverage—a missing link in solar-climate relationships. *Journal of Atmospheric and Solar-Terrestrial Physics,* **59**: 1225–1232, 1997.

Xu, Hongyang *et al.*: High-resolution records of ^{10}Be in endogenic travertine from Baishuitai, China: A new proxy record of annual solar activity?. *Quaternary Science Reviews*, **216**: 34–46, 2019.

参考文献：初心者向け

浅井　歩：第5章　いまどきの太陽．宇宙と生命の起源2（小久保栄一郎・嶺重　慎 編），岩波ジュニア新書，2014.
　　太陽で起こる爆発現象や，地球への影響などを説明しています．太陽と地球との関係を，改めて感じられると思います．

柴田一成・浅井　歩：第8章　太陽．新・天文学事典（谷口義明 編），講談社ブルーバックス，2013.

太陽という星について，一通りやさしく解説されている事典です．ほかの章も太陽以外
の話題ですが，天文学のことがわかりやすく説明されています．

📖 参考文献：中・上級者向け

ネム＝リブ，エリザベード・チュイリエ，ジェラール（著），北井礼三郎（訳）：太陽活動と気
　候変動　フランス天文学黎明期からの成果に基づいて，恒星社厚生閣，2019.
　フランス天文学における太陽観測の成果に基づいて，宇宙気候研究がどのように進めら
　れてきたかを解説しています．

スベンスマルク，ヘンリク・コールター，ナイジェル（著），桜井邦朋（監），青山　洋
　（訳）："不機嫌な"太陽—気候変動のもうひとつのシナリオ，恒星社厚生閣，2010.
　「宇宙放射線が地球の気候に影響を及ぼしている」という衝撃的な説を解説しています．

64　│　3　太陽活動の長期変動と地球気候（宇宙気候）

chapter 4

インターネットの発展からみた宇宙開発の産業化
―― デジタル情報革命の新トレンドへの対応

藤原　洋

　20世紀の宇宙開発は主として先進国による国家プロジェクトとして進められてきました．日本の宇宙開発もおもに国の予算に依存して行われてきています．このため民間企業の役割は，政府からの注文を受けてロケットや衛星を生産することが中心となっています．しかしながら米国やヨーロッパでは，民間による宇宙産業の育成という視点でのさまざまな政策が進められてきました．一方でロシアや中国では徹底した政府主導の大規模な宇宙開発が進められてきています．このようなはげしい国際競争がくり広げられている宇宙開発分野において，日本はその「産業化」において大きく出遅れているといわざるを得ません．

　私は，大学で宇宙物理学を学ぶ中で，コンピュータサイエンスの魅力に取りつかれ，世界中のコンピュータが相互接続されるインターネットの研究とその構築にかかわりました．そして，米国政府がインターネットの商用化を決断したことで，インターネット研究者と企業家が育ち，インターネットは，巨大な産業を形成することとなりました．宇宙も政府に閉ざされた研究だけではなく，米国ではじまった民間企業の台頭によって，宇宙科学研究者と宇宙産業を担う企業との連携がはじまろうとしています．

　本章では，政府主導の研究プロジェクトから新産業創出モデルを形成してきたインターネットの歴史を参考にしながら，今後日本の宇宙開発はどのような考え方で取り組み，どちらへ向かうべきかについて述べたいと思います．

4.1 世界各国の宇宙開発

● 4.1.1 日本の宇宙開発
　a. ペンシルロケットから人工衛星打ち上げまで

　日本の宇宙開発は大学の研究からはじまっています．小惑星探査機「はやぶさ」の探査対象となった小惑星の名前にもなっている東京大学の糸川英夫が，1950年代にはじめたペンシルロケットの発射実験がそのはじまりです．他国と異なり，小型のロケットから発展したこと，国立大学が開発をはじめたことが特徴的です．

　第2次世界大戦後，日本は航空機の技術開発を禁じられていましたが，1951年にサンフランシスコ平和条約が締結され，再度航空技術の開発が可能になったあと，糸川は，東京大学生産技術研究所に航空技術の研究班を設置し，1955年4月には国分寺市で長さ23 cm，直径1.8 cmのペンシルロケットの水平発射実験を実施しました．大きなものを小さくして実用化した米ソとは対照的に，糸川の計画は小さなロケットを大きくするというものでした．長さ30 cmにも満たないペンシルロケットからスタートした開発は，続くベビーロケットで高度6 kmに達し，1958年にはカッパロケットが高度40 kmに到達して，ちょうど同年が国際地球観測年だったこともあって観測データが国際社会に提供されました．1960年にはカッパロケット8型が高度200 kmの宇宙空間に達しています．

　1960年代には人工衛星打ち上げという新たなフェーズに入ります（第3巻第3章（水村好貴）参照）．これを受け政府の科学技術庁は1963年に航空宇宙技術研究所を，翌1964年に宇宙開発推進本部と東京大学の宇宙航空研究所を設立しました．カッパロケットの後継のラムダロケットに改

図4.1 ペンシルロケット
（©JAXA）
右が長さ23 cm，直径1.8 cmのペンシルロケットです．その後，長さ30 cmのもの（中央）や2段式のもの（左）もつくられました．

良が加えられて高度 2000 km を達成し，衛星打ち上げが射程圏に入ります．ラムダロケットによる人工衛星の地球周回軌道への投入は 4 回連続の失敗を経験しましたが，1970 年 2 月 11 日，ついに全段無誘導の L–4S ロケット 5 号機によって日本初の人工衛星「おおすみ」の打ち上げに成功しました．

b. その後の発展とスーパー 301 条の衝撃

その後しばらくの間，日本の宇宙開発は 2 つの機関が担うことになります．1 つは東京大学の宇宙航空研究所を母体にして設立された宇宙科学研究所（ISAS）で，おもに学術研究を担いました．もう 1 つは科学技術庁が所管し，実用・商用の宇宙開発を担う宇宙開発事業団（NASDA）です．東京大学宇宙航空研究所とそれに続く ISAS は，おもに固体燃料のロケットと科学衛星の開発を行いました．X 線天文衛星「あすか」，太陽観測衛星「ひので」，小惑星探査機「はやぶさ」など，世界的に評価される優れた科学成果をあげた衛星が数多く ISAS から生まれています．

一方 NASDA は，商用ロケットの実用化を目指して日本独自の固体燃料ではなく米国からの技術供与で液体燃料のロケット開発を行いました．またみなさんにも馴染みの深い気象衛星「ひまわり」など，実用衛星の開発運用も NASDA が担当しています．はじめはロケットも衛星も米国からの技術供与があり，また大型の衛星打ち上げは米国に頼ることもありました．しかし，米国から受けた技術供与の中には，中身が日本側にはブラックボックスにされている部分もありました．このためロケット全体の自主開発の必要性が認識されるようになり，再点火可能な液体燃料ロケット LE–5 エンジンの独自開発による実用化に成功します．1984 年，純国産液体燃料ロケットの開発を決め，LE–5 の後継となる LE–7 エンジンや，ISAS で研究が続けられていた固体ロケット技術も活用して，主要技術をすべて国内で開発した H II ロケットの 1 号機が，1994 年 1 月 4 日に打ち上げられました．現在活躍している H II–A ロケットや H II–B ロケットは，この H II ロケットを母体にして開発されたものです．なお，これらのロケットの開発は政府機関である NASDA や ISAS のみで行ったのではなく，三菱重工や石川島播磨重工業といった大企業や中小の部品メーカーなど，多くの民間企業が協力して行われました．民間企業が開発に大きな役割を果たしたことは衛星開発においても同様です．

このように日本の宇宙開発は着実に進歩をとげてきました．本来であれば，国と協力して研究開発をすることで技術力をつけた民間企業が，その後は日本政府以外の衛星の製造や打ち上げを受注し，産業として発展していくことが期待されていたはずです．しかし民間の宇宙産業の育成という点からは大きな出来事が1990年に起きます．それは，日米衛星調達合意により，米国の貿易政策に関する法律「スーパー301条」が適用され，日本国内の実用・商用衛星がすべて国際競争入札になったことです．国際競争入札とは，日本国外の企業も含めて平等に「入札」を行い，求める性能を一番安く提供できる企業が受注するということです．このことによって，科学研究や技術開発のための衛星を除き，たとえ日本政府や日本の企業が使う衛星だからといっても，通信衛星や気象観測衛星など実用のための衛星はすべて国際競争にさらされることになります．

1990年の時点ではまだ欧米に比べて日本の宇宙企業は価格競争力，すなわち安くつくる能力が追いついていなかったため，多くの実用衛星とその打ち上げを欧米の企業が受注するようになりました．このため日本の宇宙企業にとっての需要は科学研究や技術開発を目的とした政府の宇宙開発に限られることになり，その構造は今日にいたるまで続いています．売り上げが小さければさらなる技術開発もコスト削減のための研究も限られてしまいますから，結果として日本の宇宙機器産業は国際的な競争力をつけることが難しいままです．

c. 現在の宇宙開発

ISASとNASDA，それに航空宇宙技術研究所（NAL）が統合され，2003年に文部科学省の宇宙航空研究開発機構（JAXA）が発足しました．また2008年に宇宙基本法が制定され，情報収集衛星やミサイル防衛など，安全保障目的での宇宙利用がはじまっています．宇宙にかかわる産業も多様化してきました．政府の宇宙活動は，従来は研究開発がその中心であり，そのため政府の中では文部科学省が主として担当していましたが，経済や安全保障などさまざまな分野が宇宙に関係するようになってきたため，現在は省庁横断型の政策を担当する内閣府に宇宙政策委員会と宇宙戦略室が設置され，日本の宇宙政策の舵取りをしています．

現在の日本の宇宙政策は，「安全で豊かな社会」を実現するために宇宙航空技術を利用することが謳われており，JAXAの長期ビジョン2025によると，

68 ｜ 4 インターネットの発展からみた宇宙開発の産業化

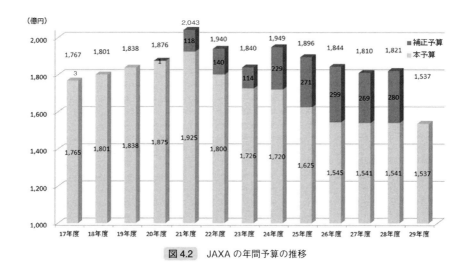

図 4.2　JAXA の年間予算の推移

①自然災害，環境問題に役立つシステムの構築，②惑星，小惑星探査の高度化と月利用のための技術研究，③安定的輸送のための信頼性の向上，有人宇宙活動関連の研究，④宇宙産業の基幹産業化などの政策が盛りこまれています．2017 年の時点で国の宇宙開発関連予算は約 3420 億円です．その中心を担う JAXA の予算の推移を図 4.2 に示します．なお JAXA と米国の宇宙機関である NASA，欧州宇宙機関（ESA）を比較するとおのおの約 1/10 および 1/2 に相当します．

● **4.1.2　米国の宇宙開発**

1990 年ごろまで，米国の宇宙開発は冷戦下にあるソビエト連邦への対抗という側面がありました．初の人工衛星打ち上げも有人宇宙飛行もソ連に先を越された米国は，それを挽回するために有人月探査を行うアポロ計画を立ち上げ，1969 年に人類初の有人月面探査を成功させます．アポロ計画をはじめとした科学・民生目的の宇宙開発は NASA が担当していますが，国防総省が NASA 以上の予算をかけて軍事的な宇宙開発を担当するなど，現在にいたるまで政府全体の宇宙開発予算金額は世界でも群を抜いており，ざっとヨーロッパの 3 倍，日本の 10 倍の資金が投入されています．また最近の大きな特徴と

しては，民間の宇宙開発ベンチャー企業の急成長があげられます．

4.1.3　ヨーロッパの宇宙開発

　第2次世界大戦後，ヨーロッパ各国は独自に宇宙開発を進めていましたが，いまでは多くの宇宙開発事業をヨーロッパ各国が共同で設立した欧州宇宙機関（ESA）として実施しています．米国の宇宙開発において軍の存在感が大きいのに対し，ヨーロッパの宇宙開発の特徴は民間の商業活動としての宇宙開発に力を入れている点です．ESA が開発したアリアンロケットは，現在では新たに設立された企業であるアリアンスペース社が打ち上げを受託しています．アリアンスペース社は商業衛星の打ち上げで大きな市場占有率を占めており，アリアンロケットは商業的にもっとも成功したロケットといえるでしょう．

4.1.4　ロシアの宇宙開発

　ロシアの宇宙開発は，前身のソ連の遺産を多く継承しています．とくに有人宇宙開発では，ソ連時代に行われた数多くのミッションから米国に比肩する経験を持っています．現在では国際宇宙ステーション（ISS）計画に参加し，米国のスペースシャトル引退以降は ISS への有人輸送はロシアが一手に引き受けています．また商用ロケット打ち上げ市場でも大きなシェアを誇っています．しかし近年，ロシアの宇宙開発用の予算は減少しているといわれており，宇宙開発予算は年間約 2000 億円程度とみられています．技術者の高齢化に伴う技術力の低下も懸念されています．ロシア政府は組織の再編を進めており，2014 年にはロシアの民間宇宙企業を統合する形で国営企業統一ロケット・宇宙会社が発足，さらに 2016 年にはロシア連邦宇宙局を統合した国営ロスコスモス社が発足しています．

4.1.5　中国の宇宙開発

　中国の宇宙開発は中国国家航天局によって進められています．その起源は1950 年代後半の弾道ミサイルの開発にさかのぼります．1970 年 2 月 11 日に日本初の人工衛星「おおすみ」が打ち上げられますが，同じ年の 4 月 24 日，長征 1 号ロケットによる中国初の人工衛星「東方紅 1 号」の打ち上げに成功して

70　│　4　インターネットの発展からみた宇宙開発の産業化

います．近年急速に経済を発展させた中国は宇宙開発においても存在感を増しています．有人宇宙開発にも本格的に乗り出しており，2003 年には楊利偉宇宙飛行士を乗せた神舟 5 号の打ち上げに成功し，世界で 3 番目に単独で有人宇宙飛行を成しとげた国となりました．

4.2 インターネット発展の歴史とその本質とは？

　本節では，日本の宇宙開発の産業化の方向性を探るうえでの参考にするために，インターネットの研究がどのように産業化されたのかを振り返ります．先に結論を述べておくと，ターニングポイントは米国政府がインターネットの商用化を認可したことにありました．

● 4.2.1　軍事と学術からはじまったインターネットの研究

　インターネットへと発展する世界規模のネットワークを生み出すきっかけをつくった先駆的な J・C・R・リックライダーによる最初の論文は，1960 年 1 月に発表された *"Man-Computer Symbiosis"* で，相互接続されたコンピュータのネットワークが，今日の図書館のような機能とともに情報格納・検索などの記号的機能を進化させると期待されると述べられています．リックライダーは1962 年に米国の軍事関係の技術開発を行う研究機関の部門長に任命され，現在のインターネットの先駆けとなるコンピュータのネットワーク ARPANET（Advanced Research Project Agency Network）の誕生につながる研究を開始しました．

　インターネットでは，データをパケット（小包の意味）とよばれる単位に分割して，通信を行います．現在も用いられているこの方式の基礎は，米国空軍のシンクタンク，ランド研究所のポール・バランと，イギリス国立物理学研究所のドナルド・デービスによってほぼ同時に発表されました．2 人の研究は理論としてはほぼ同じですが，デービスの研究目的が通信の品質改善にあったのに対し，バランの目的がキューバ危機から発生した核戦争の危機下において，攻撃を受けても生き残れる通信網を開発することにありました．どこかに中心を設けず，データをパケットに分けてそれぞれのパケットはネットワーク内の

どういう経路を通っても構わないとする「分散型ネットワーク」の考え方は，まさにこの目的に合致していたのです．

　ARPANETの開発においては，米国国防省の研究部門と大学などの学術研究機関が参加し，各機関が設立したネットワークを相互に接続する形で拡大していきました．この意味で，初期のインターネットの研究は軍事研究と学術研究の双方から進められたということもできるでしょう．その後，1983年には機密情報を扱う軍関係のネットワークは分離されます．その時点でも，ARPANETに基づくネットワークは，米国政府が資金を出しているため，研究などの非商用利用に制限されており，無関係な商用利用は厳禁されていました．このため，当初は軍関係のほかは研究機関や教育機関がおもに接続されていましたが，各種研究プロジェクトへの参加や支援を理由に企業からの接続も増えていきます．米国政府のほかの機関，NASA，国立科学財団（NSF），エネルギー省（DOE）もインターネット研究に深く関わるようになり，ARPANETとは別にNSFNETというネットワークが構築されています．

● 4.2.2　ARPANET，NSFNETからインターネットへの移行

　1980年代後半，ARPANETとNSFNETが相互接続されたころ，そのネットワークをさしていた固有名詞「インターネット」が，やがて世界規模のたった1つのネットワークをさすことになります．前述のようにインターネットの商用利用は，当初禁止されていましたが，商用化の認可がなくても米国の起業家精神は旺盛で，1980年代末には最初のインターネットサービスプロバイダ（ISP）が創業しています．

　そして，1992年，米連邦議会が「科学および先端技術法案，合衆国法典第42編第1862（g）条」を可決しました．これによってNSFNETが商用ネットワーク群と相互接続することが許可されました．ARPANETプロジェクトは1990年に終了しています．しかし多数の新たなISPが，商用利用者にネットワークへの接続を提供しはじめ，NSFNETはインターネットの唯一の基盤ではなくなっていきます．そして1995年4月30日，NSFがNSFNETのバックボーンサービスの後援を終了した時点で，最後の商用利用制限が撤廃されました．

　もう1つの重要なできごととして1994年1月にロサンゼルスで開催された

72　│　4　インターネットの発展からみた宇宙開発の産業化

The Superhighway Summit があります．これはこの分野の企業・政府・学界の主要なリーダーが一堂に会した初の公式会議で，情報スーパーハイウェイ構想[1]とその意味について国家的議論が開始されました．このように，米国は，インターネットを学術研究機関のネットワークとして育成したあと，商用化を認可し，国策として，インターネットの産業化を「開放」という方策で実践したのでした．この結果，Amazon，Yahoo!，Google，Salesforce.com，Facebook，Twitter，Netflix といったインターネット・サービス企業が続々と登場し，一大産業を形成することとなります．政府が開発を行ってきたインターネットを商用に開放したことがターニングポイントだったのです．図 4.3 にこのような米国政府の研究から生まれたインターネット発展の歴史を示します．

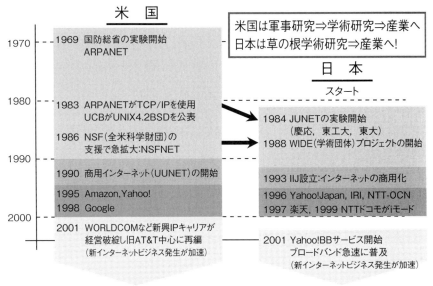

図 4.3 米国政府の研究から生まれたインターネット発展の歴史

---

[1] 全米情報基盤（National Information Infrastructure）ともいいます．1993 年に当時アメリカのビル・クリントン大統領，副大統領アル・ゴアが提唱した政策の1つです．2015 年までに全米に高速のコンピュータ・ネットワークを敷設し，アメリカの情報化と IT 産業の発展を促そうというものです．この政策が今日のインターネット普及の原動力となりました．

4.3 宇宙開発の問題とは？

● 4.3.1 宇宙産業の現状

日本の宇宙開発を考えるうえで，宇宙産業の全体像を把握することは非常に重要です．なぜなら，ロケットや人工衛星など宇宙開発を行ううえで根幹となる機器を実際につくっているのは産業界，すなわち民間企業であり，それなくして日本の宇宙開発は存在し得ないからです．しかし，現在の日本の宇宙産業の最大の問題は，日本の宇宙開発関連企業がJAXAなどの政府機関からの需要ばかりに依存していることです．以下でその全体像をみていきましょう．

日本の宇宙開発関連予算はこのところおよそ3000億円程度で推移しています．ただし，宇宙産業全体を広く捉えて考えるとその市場規模は約7兆円あります．図4.4に示すように，衛星やロケットを製造する宇宙機器産業の市場規模は国の予算と同程度ですが，その外側には，衛星通信・衛星放送などのサービスを提供する「宇宙利用サービス産業」があります．さらにその外側には，

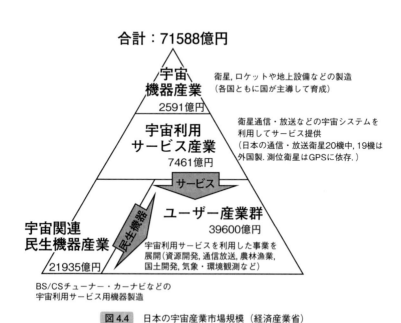

図4.4　日本の宇宙産業市場規模（経済産業省）

宇宙を利用することで得られるサービスをユーザーとして使う産業（たとえば，人工衛星のデータを資源探査や農林水産業，土地管理などに使う産業）と，衛星放送の受信器やカーナビなど，宇宙利用サービスをユーザーとして使うのに必要な機器を製造する産業があります．

宇宙産業全体の中で中核を担うのが宇宙機器産業です．図 4.5 に示すように，宇宙機器産業の国際競争力という点では日本は欧米に大きく水をあけられています．その大きな理由が，日本の宇宙機器産業が政府予算に依存しているということです．図 4.5 の円グラフでもわかるように，日本の宇宙機器産業は売上の 9 割が官需です．これに対してヨーロッパは，官需と軍事をあわせた政府予算への依存は 6 割程度で，残り 4 割は民需，つまり宇宙機器を用いてビジネスを行う民間企業から受注しています．

図 4.6 は，2004〜2008 年の 5 年間の世界のロケット打ち上げ実績を示しており，全体では 312 機となっていますが，日本は 11 機で，ロシアの 125 機，

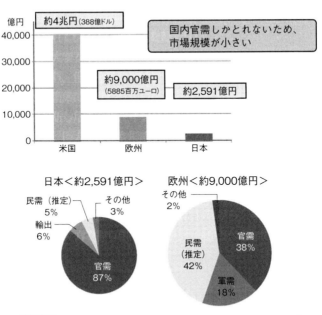

図 4.5　宇宙機器産業の売上高比較（日本航空宇宙工業会, 2010）
　　　レートは，1 米ドル＝ 104 円，1 ユーロ＝ 154 円で換算．

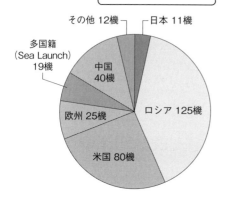

図4.6 2004〜2008年の世界のロケット打ち上げ実績（日本航空宇宙工業会，2009）

アメリカの80機，中国の40機，欧州の25機と比較すると見劣りします．また，図4.7に示すように，国別の打ち上げサービスでは，日本は，世界で4番目に自国ロケットによる衛星の打ち上げを実現しましたが，長い間商業打ち上げの実績がありませんでした．2009年1月にはじめて海外衛星（韓国）の打ち上げを受注し，その後2013年に三菱重工がカナダの通信衛星打ち上げを受注しています．図4.8に示すように，2004〜2008年の5年間の世界の衛星打ち上げ実績でみると，合計

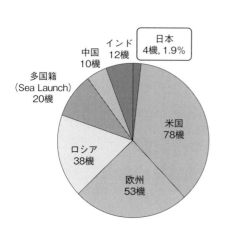

図4.7 2007年の世界の国別打ち上げサービス受注残数（日本航空宇宙工業会，2009）

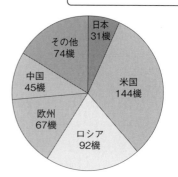

図4.8 2004〜2008年の世界の衛星打ち上げ実績

4 インターネットの発展からみた宇宙開発の産業化

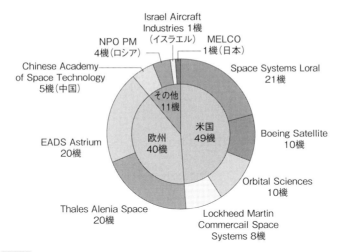

図 4.9 2007 年の商業静止衛星企業別受注残機数（日本航空宇宙工業会，2009）

で約 450 機のうち 31 機が日本によるものです．さらに，図 4.9 に示す日本企業の商業静止衛星の受注残機数は，2007 年時点で 1 機だけであり，2008〜2009 年にかけては，三菱電機が 3 機（外国の通信衛星，日本の気象衛星 2 機）を受注するに留まっています．図 4.4 で示したように日本にも衛星放送などの宇宙利用サービス産業がありますが，残念ながら日本の衛星メーカーはこれらの国内需要の多くを獲得できておらず，海外からの受注実績も多くありません．一方米国では，スペース X などのベンチャー企業が台頭してきていて，競争は一層厳しさを増しています．

一方，宇宙機器の製造に必要な部品・材料に関係する日本の企業には，高い技術力をもって海外への積極的な事業展開を行っているところもあります．たとえば衛星に用いる電池やセンサー類，宇宙用の電子部品などです．これらの企業がさらに競争力をつけて成長するために必要なことは，部品や材料を製品として販売する前に，実際に宇宙で使えることを実証する機会の確保です．これについては次項で取りあげます．

日本の宇宙産業の研究開発力は潜在的には高いものがありますが，それらが全体としてつながった生態系（エコシステム）として機能していないという問題もあります．まず，個別には優れた技術を有しているものの，縦割りで個別

的な研究開発スタイルをとっており，なかなかそれらがつながって産業に結び
つくことがありません．政府予算による研究開発に継続性や産業競争力強化の
ための一貫した戦略が欠けており，必要な技術の標準化作業や実績づくりなど
をしてこなかったことや，技術の高度化にばかり注力して，競争力の根源とな
るコスト意識に欠けた研究開発を行ってきたという問題もあります．

● 4.3.2　宇宙産業の「実証機会」と「国際展開」

　宇宙産業の競争力強化に重要なことは何でしょうか．まずあげられるのは
「実証機会」の獲得です．1つ1つのミッションの単価が高く，故障しても修理
が困難な宇宙開発では，失敗が少なく，宇宙という苛酷な環境で使用しても求
める性能を発揮できる信頼性がきわめて重要であるためです．政府が行う宇宙
開発が実証機会を提供することで，日本の宇宙産業が実績を積んで民間の需要
も獲得できるようになることが重要です．

　宇宙産業にとって，もう1つ重要なことは「国際展開」です．日本以外の宇
宙開発先進国は，発展途上国が衛星を調達する際に，政府開発援助（ODA）
として自国の宇宙産業が国際展開するのを支援していますが，日本はこれまで
衛星調達に対してODAを供与した実績がありません．また，国のトップによ
るトップセールス外交や，海外販売網の調査・開拓面での国の支援なども重要
です．

4.4　インターネット的視点での宇宙開発の産業化の展望

　最後に，インターネット産業化の例を参考にして，産業という観点から日本
の宇宙開発の展望をみていきましょう．

● 4.4.1　宇宙産業をめぐる国内外の動向
a. 海外の宇宙産業の動向

　世界では，IoT（Internet of Things, モノのインターネット），ビッグデータ，
ロボット，人工知能（AI）などの技術革新による第4次産業革命の進展によっ
て，宇宙とITとが融合する多くの新規ビジネスが誕生し，宇宙産業の新たな

パラダイムシフトがはじまりつつあります.

　この技術的背景には，まず宇宙分野で通信衛星の大容量化，リモートセンシング衛星の高分解能化に加え，小型衛星の機能が大幅に向上し，衛星から得られるデータが質量ともに増大し，かつ安価になってきたことがあります. また，ビッグデータ，AI，IoT の活用により，従来とは異なる新たな宇宙利用サービスが創造されています. 一例としては，各国の石油タンクの衛星写真を人工知能で解析することで，世界中の石油備蓄量を推計し，投資家などへ通知するサービスなどが創出されています.

　新たな産業の創出を促すために，データの無償公開が進んでいることも近年の特徴です. たとえば米国地質調査所（USGS）が運用する光学衛星ランドサット（最高分解能 15 m）の地球観測データは無償で公開されています. ヨーロッパでは，分解能の高いものは有償であるものの，光学センターのセンチネル 2（最高分解能 10 m）や合成開口レーダーのセンチネル 1（最高分解能 5 m）のデータは直近 3 か月のデータにかぎり無償で公開されています. このように，だれもが無償で自由にデータを利用できる「オープンデータ」という考え方を宇宙分野にも広げることで新しい宇宙利用の開拓を支援する動きが，とくに欧米で活発です.

　関連してみられる大きなトレンドは，コスト低下による宇宙利用ユーザーの広がりです. 宇宙専用の部品ではなく一般に使われている汎用品も活用することで，従来の衛星よりも桁違いに安価なコストで衛星が製造可能となってきています. また，ロケットの量産化，小型化，再使用型ロケットの開発など，衛星の打ち上げコストも低価格化への流れが強まっています.

　従来の宇宙開発は政府が主体となって機器開発などを行うことが一般的でしたが，米国では，商業ベースで衛星の開発利用，打ち上げサービスなどの宇宙関連サービスを提供するベンチャー企業が数多く出現しています. 需要面では政府が引き続き大きな役割を果たしていますが，サービスの供給主体に民間の活用が進み，民間事業者間の競争の活発化と事業展開が加速しています.

b. 日本の宇宙産業の動向

　前述のように国内の宇宙機器産業は国内官需が約 9 割を占め，規模も欧米に比べ小さいのが特徴です. また，米国のように多数のベンチャー企業の新規参

入が市場を活性化させるような状況にはいたっていません．一方で日本は，衛星製造からロケット製造・打ち上げサービスまで包括的な宇宙産業を抱える数少ない国でもあります．ベンチャー企業についてもまだ数は少ないですが，高度な技術やユニークなビジネスモデルを有する企業が登場してきています．

　宇宙利用産業においては，衛星通信・放送分野では世界でも有数の規模である大手事業者が存在し，カーナビ，携帯などで測位信号を使用する機器やアプリケーションを開発，販売する事業者がいるなど，それなりの産業規模があります．ただ，衛星データをほかのさまざまなデータと組み合わせて AI などの解析技術を活用し，安全保障，防災，インフラ維持管理，農林水産業，自動運転などさまざまな分野に応用してビジネスにつなげる事業者は欧米に比べて多くありません．

　世界の宇宙産業の変化が加速する中で，国も産業化を見据えた取り組みをはじめています．2016 年には，民間企業の宇宙活動を行うための制度面の整備として，宇宙二法（「人工衛星等の打上げ及び人工衛星の管理に関する法律」（宇宙活動法）および「衛星リモートセンシング記録の適正な取扱いの確保に関する法律」（衛星リモセン法））が成立しました．既存事業者だけではなく，新規参入を促すための取り組みもはじまっています．

● 4.4.2　宇宙開発の産業化の市場戦略

　宇宙の利用は新興国にも拡大しており，世界の衛星打ち上げは，1999〜2008 年の 10 年間で 128 機だったのが，2009〜2018 年には 260 機と増加しています．とくに，温室効果ガスの測定，災害監視などの地球観測データの利用が拡大傾向にあります．商用の衛星画像市場は 10 年後には 4 倍になると見込まれています．

　まず日本の宇宙機器産業についてですが，衛星，ロケット，宇宙ステーション関連などの基礎的な技術には高いものがあります．今後は，従来からの研究的視点で終わることなく，産業的視点での市場拡大につながる，「売れる」技術の開発が重要です．具体的には，設計の標準化，部品の共通化，民生部品の活用などにより「低コスト・短納期・高性能・高信頼」を実現する小型衛星の開発を推進することや，個々の衛星だけでなく衛星，ロケット，地上局，デー

80　｜　4　インターネットの発展からみた宇宙開発の産業化

タ利用からなる宇宙システム全体としての国際競争力を強化することです.

つぎに宇宙利用産業の振興のためには，何よりもまず，従来の宇宙関連事業者だけではなく，実際に宇宙を利用したいユーザーが参加してサービスやアプリケーション開発を推進することが重要です．それにより，民間事業者による消費者のニーズに即した新サービスの創出が期待されます．また，広範囲をカバーする衛星データの特徴を活かし，地球環境問題や災害などの課題解決に貢献するサービスを開発することも重要です.

宇宙産業全体の振興のために国が行うべき環境の整備としては，以下のようなことがあげられます．まず，政府の衛星がとったデータができるだけ広く活用されるよう，データの公開のしかたや利用時の制限などを定めたデータポリシーとそれに基づく法制度の整備を行うことが必要です．また，ODA や輸出信用の活用による日本企業の海外輸出の支援や，日本の衛星と同じ衛星をアジア各国に広めてデータ共有を行うといった国際協力，ベンチャー企業の支援・育成も国の重要な仕事です.

● 4.4.3　宇宙産業の発展の方向性

宇宙産業の成長には，衛星ビッグデータとインターネット利用による新たな宇宙利用サービスの創出が重要です．ロケット・衛星といった宇宙機器開発（第 2 次産業）と衛星データサービスのような宇宙利用（第 3 次産業）が，ビッグデータ，人工知能，IoT の新たなイノベーションにより，第 1 次産業に新たな付加価値を創造する 6 次産業化をもたらすことが期待されます.

現在，技術革新や新規参入を背景に，衛星から得られるさまざまなデータの質・量が，著しく向上しつつあります．たとえば，リモートセンシング（地球観測）では，より高頻度かつ高解像度のデータが提供されるようになっています．また，衛星測位情報については，準天頂衛星「みちびき」による，高精度の衛星測位サービスが整備されつつあります．さらに，衛星通信についても高速大容量化が計画されています.

そこで，衛星データとほかの地上データを組み合わせ，さまざまなソリューションを提供していくことが重要です．この際重要なのはデータのオープン＆フリー化によるデータ利用環境の整備です．加えて，複数の小型衛星の連携に

よる高頻度観測サービス，軌道上サービス，宇宙資源開発など，いわゆる「ニュースペース」とよばれるベンチャー企業の活躍も望まれます．

4.5 宇宙産業の発展へ向けて

　いまや米国の宇宙開発の台風の目であるスペースX社を設立したイーロン・マスクは，最初はインターネットビジネスで成功しました．日本においても，インターネット・テクノロジーを取りこむことによる宇宙産業の情報化とともに，インターネット産業における事業成長モデルの導入が求められています．図4.10にインターネット型の宇宙産業のあり方を示します．インターネット産業化の鍵は「開放化」でした．衛星データを中心とした宇宙利用がもたらすものをオープンにし，それを民間企業が自由に利用することで新たな産業を生み出すような，「宇宙産業のインターネット型の産業への転換」がいま求められています．

　宇宙，それは，現代において，人類の英知が求める究極の世界です．かつて，産業革命のきっかけとなった15～17世紀の大航海時代と比較して，宇宙は，はるかに壮大で夢多き世界です．そして，大航海時代の夢の源泉が「軍事力」であったのに対して，宇宙開発の夢の源泉は「科学技術力」です．読者のみなさんには，ぜひ，この人類究極の夢を科学技術のチカラで実現してほしい

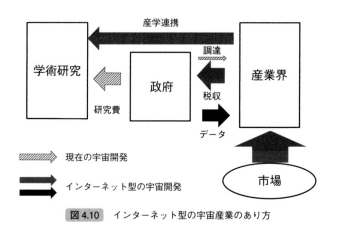

図4.10　インターネット型の宇宙産業のあり方

と思います．

📖 参考文献：中・上級者向け

藤原　洋：科学技術と企業家の精神—新しい産業革命のために，岩波書店，2009．

藤原　洋：第 4 の産業革命，朝日新聞出版，2010．

藤原　洋：日本はなぜ負けるのか　インターネットが創り出す 21 世紀の経済力学（新版），
　　インプレス R&D，2016．

藤原　洋：全産業「デジタル化」時代の日本創生戦略，PHP 出版，2018．

chapter 5

宇宙太陽光発電

篠原真毅

　人は太古から宇宙に憧れを抱き，夜空に光る星々に物語を当てはめ星座をつくり，人の手の届かないはるか遠くの宇宙をみつめてきました．その後，人は宇宙をみるだけに飽き足らず，その成り立ちや星々の挙動を理解したいと思い，研究をはじめます．また 20 世紀に入ると実際に宇宙に行くことを夢みる人たちも現れ，ロケットを開発し，月にまで人は到達します．英語では前者の人の手の届かない宇宙は universe とよび，後者の実際に人が行ける範囲の宇宙を space とよび区別します．この章では space に関する最新の研究について紹介します．「宇宙開拓」を目指した物語です．

5.1　人はなぜ宇宙を目指すのか

　人類の宇宙開発は，旧ソ連による 1957 年の人類初の人工衛星スプートニク 1 号の打ち上げにはじまり，1961 年の同旧ソ連のユーリー・ガガーリンの世界初の有人宇宙飛行の成功を経て，1969 年の米国によるアポロ 11 号の有人月面着陸と世界 40 か国のテレビ同時生中継をピークとし，1986 年のスペースシャトルチャレンジャー号の爆発事故のころよりその熱を失っていきました．チャレンジャー号の爆発事故以降も，国際宇宙ステーション（ISS）の建設と運用，日本の小惑星探査機「はやぶさ」の小惑星到達と帰還，重力波の観測をはじめとするさまざまな宇宙科学の発展など，人類の宇宙開発は止まったわけではありません．しかし現在，あのころのような宇宙開拓の熱気や，『宇宙戦艦ヤマト』や『機動戦士ガンダム』，映画『2001 年宇宙の旅』のような宇宙開拓の夢は感じにくい時代になったように思えます．

しかし，本当にそうでしょうか．2018年3月に惜しまれつつ亡くなったイギリスの理論物理学者スティーヴン・ホーキングは晩年，「人類は地球上のスペースを使い果たそうとしており，ここから先は違う世界へと進むしかありません．太陽系とは別の恒星系を目指すべきときです．宇宙へと広がっていくことこそが，人類が自分自身から助かる唯一の道です．私は，人類は地球から出ていくべきだと確信しています」と，地球以外の住み家を見つけることの重要性を語っています．米国Amazonの創始者でありCEOのジェフ・ベゾスは航空宇宙企業ブルーオリジンを創設し，宇宙を目指して活動を続けていますが，「何百万という人々が宇宙空間で暮らしはたらく世界，それが最終的なビジョンにある」とコメントし，「まだ遠いゴール」だとしながらも，その先行投資の重要性を語っています．また，同じく宇宙事業に取り組む米国スペースXのイーロン・マスク（テスラモーターズ創始者・CEO）は，2017年9月にオーストラリア・アデレードで開催された国際宇宙会議の最終日，かねてより計画中の「火星植民計画」の具体案を発表しました．近年宇宙開発に積極的な中国は，2003年10月に有人宇宙船「神舟5号」を打ち上げ，はじめて中国による有人宇宙飛行を成功させ，2013年12月には旧ソ連・米国についで世界で3か国目となる無人宇宙機の月面軟着陸にも成功しました．中国はいま，有人月面着陸と月面基地の建設を目指しています．

　21世紀に入ってなお，欧米や中国では宇宙を積極的に目指し，宇宙開拓の夢を語り，実行に移しています．そして宇宙開拓こそが人類の生き残る道であると確信している人たちが世界にはたくさんいます．日本でも人類の未来のために宇宙開拓を目指している人たちがたくさんいます．そのうちの1つが「宇宙太陽光発電」という構想であり，実際にこれまで，そして現在，日本および世界で開発検討が行われているのです．

5.2　宇宙太陽光発電所の概要

　宇宙太陽光発電所とは，字のごとく，宇宙で太陽光発電を行う人工衛星のことです．英語ではSpace Solar Power Satelliteとよび，SPSやSSPSとよばれます．宇宙ではほぼすべての人工衛星や宇宙ステーションは電気を得るために

太陽電池を利用しています．SPS はほぼその太陽電池のみで構成された人工衛星です（図 5.1，口絵 5）．ほかの人工衛星と SPS との違いは，ほかの人工衛星は太陽光発電で得られた電気をその場で使うのに対し，SPS は発電した電気を宇宙で使うのではなく，地上の私たちが使おうというのです．地上では 100 万 kW ＝ 1GW（kW ＝ 10^3 W，GW ＝ 10^9 W）を利用できる SPS が世界中で設計されています．SPS は 1968 年に米国ではじめて提唱され，1970 年代や 90

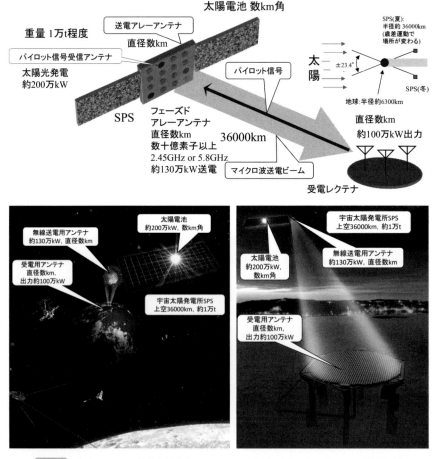

図 5.1 （上）SPS の一般的な概念とパラメータ，（左下）宇宙からみた SPS，（右下）地上からみた SPS（口絵 5 参照）

年代には米国で盛んに研究され，現在は中国や欧米の民間企業での研究が盛ん
です．日本でも 1980 年代以降盛んに SPS 研究が行われ，現在に続いています．

　SPS は静止衛星軌道である 3 万 6000 km 上空に建設する計画です．静止衛星
軌道とは遠心力と重力のつり合いにより周回周期が 24 時間となる衛星軌道の
ことで，地球の自転周期も 24 時間であるので地上からみると衛星が静止して
いるようにみえる衛星軌道のことです．宇宙で発電した電気を地上の私たちが
使おうというので，もちろん SPS が宇宙空間を移動していって地球上のさま
ざまな場所や人に電気を送ってもいいのですが，できれば 1 か所に連続で電気
を送ったほうが効率がよいと思います．それで，私たちの頭の上にずっと衛星
がいることができる静止衛星軌道に SPS を置きたいと考えています．

　静止衛星軌道には，衛星が地上からみると止まってみえるという利点のほか
に，もう 1 つ，年間を通じほぼ夜にならない＝太陽光が当たり続けるという利
点があります．地球の半径は約 6300 km であり，地球の回転中心の地軸は
23.4 度傾いています．図 5.1 にあるように，この位置関係だと，地上が夜でも
静止衛星軌道の衛星は地球の影にはほとんど入りません．つまり，静止衛星軌
道は年間を通じてほぼ夜にならないのです．つまり静止衛星軌道に置く SPS
は「夜でも発電できる太陽光発電」ということになり，地上の太陽光発電に比
べ安定に，たくさんの発電をすることができます．唯一の例外の時期は春分と
秋分の時期で，この時期だけは太陽—地球—SPS が一直線に並ぶため，静止衛
星軌道でも夜がきます．この期間は SPS のメンテナンスなどを行うのだと思
います．SPS は宇宙に浮かんでいるために，太陽電池もつねに太陽の方向を向
いているように制御します．これを「太陽指向」といいます．

5.3　宇宙から地上へ電気を送る

　SPS の問題は，宇宙で発電した電気をどうやって地上に送るか，です．3 万
6000 km もの距離も問題ですが，静止衛星軌道とはいえ人工衛星は宇宙に浮か
んでいますので，完全に静止しているわけではなく，振動したり，位置が少し
ずつ移動したりしますので，これも問題です．「宇宙エレベーター」という，
静止衛星軌道の人工衛星と地上とをエレベーターでつなぐ，という構想があり

（第3巻第4章（大塚敏之）参照），この宇宙エレベーターが実現すればSPSも宇宙エレベーターに沿って電線を地上までつなぎ，電気を送ればいいのですが，宇宙エレベーターの実現もまだまだ課題があり，すぐにSPSとつなぐわけにもいきません．

　そこでSPSで発電した電気を，携帯電話やWi-Fiで用いる電波（マイクロ波）やレーザー光などに変換して，無線で地上まで電気を送る「無線電力伝送」技術を用います．SPSではマイクロ波無線電力伝送もレーザー無線電力伝送もどちらも研究され，検討されていますが，ここではおもにマイクロ波無線電力伝送を用いたSPSを中心に説明します．無線電力伝送はワイヤレス給電技術ともよばれ，身近な携帯電話のワイヤレス充電器などにも応用されています．無線電力伝送も携帯電話も同じ電波を使う機器はすべて「アンテナ」を介して電波をやりとりします．SPSの無線電力伝送には直径数kmの送電アンテナと受電アンテナを用います．この送電アンテナと受電アンテナの間をエネルギービームとして電気を送るのです．無線電力伝送の効率はアンテナ同士が並行に正対しているときが一番高くなるので，マイクロ波送電アンテナはつねに地球の受電サイトを向き，アンテナ同士が正対するように制御されており（地球指向），つねに高効率（90%以上）で無線電力伝送ができるように設計されています．アンテナの姿勢制御で不十分なぶんは，マイクロ波ビームの方向や形状を細かく制御できる特殊なアンテナ「フェーズドアレーアンテナ」という技術で対応します．フェーズドアレーアンテナはレーダーなどで用いられている技術で，多数のアンテナを組み合わせて電波の干渉を利用してビームの方向や形状を制御するアンテナです．SPSでは直径数kmの中に数十億素子のアンテナを用いてフェーズドアレーアンテナとしています．さらにアンテナの位置や傾き，形状を把握するために地上からパイロット信号という電波を送信して利用する技術もSPSでは用いられ，研究開発が行われています．地上に設置する受電アンテナは整流回路（マイクロ波—電力変換回路）が一体となっていて，「レクテナ」とよばれます．地上ではレクテナでマイクロ波がふたたび電気に変換され，私たちが利用できるようになるのです．マイクロ波無線電力伝送をするためにはSPS側で電気→マイクロ波の変換も行いますので，SPSのマイクロ波無線電力伝送の総合効率は

（電気→マイクロ波変換効率）×（マイクロ波伝送効率）×（伝送途中の大気などでの減衰ほか）×（マイクロ波→電気変換効率）＝約50％

として設計されており，この効率を実現するための研究が行われています．この約50％の効率は，実際のマイクロ波無線電力伝送の実験で得られた値を前提としていますので，実現可能なのです．

マイクロ波はテレビの衛星放送などでも用いられる電波です．マイクロ波は電波の中でも周波数（1秒間に何回プラスとマイナスが揺れるかの指標，単位Hz（ヘルツ））は1〜30 GHz程度の電波のことをいいます．SPSでは法律的な問題で，これまで2.45 GHz帯や5.8 GHz帯のマイクロ波無線電力伝送システムが検討され，実験が行われてきました．電波やレーザー光は，一般に地球大気を通過するときに水分や酸素などの影響で減衰をしたり，電波は地球を取りまく電離層というプラズマの層で反射したりして効率が悪くなるのですが，2.45 GHz帯や5.8 GHz帯のマイクロ波は地球大気による減衰がより高い周波数に比べ少なく，電離層の反射もより低い周波数に比べ少ない，という特徴があり，宇宙と地球の間を伝搬させるのに適した「電波の窓」とよばれる周波数帯にありますので，無線電力伝送には適しています．つまりマイクロ波は雨でもほぼ減衰することなく伝搬することができるのです．

5.4　宇宙太陽光発電の利点と欠点

マイクロ波無線電力伝送を用いたSPSは，「雨でも発電できる太陽光発電」ということになります．SPSは静止衛星軌道に設置したことにより「夜でも発電できる太陽光発電」でしたので，あわせてSPSは「夜でも雨でも発電できる太陽光発電」となります．太陽光発電は再生可能エネルギーの代表として，メガソーラー発電所や家庭用太陽電池として世界中で設置が進んでいますが，最大の問題は雨の日や夜に発電できないことです．発電していない間はほかの火力発電などで発電してもらうしかなく，せっかく太陽光発電は二酸化炭素（CO_2）を出さない発電方式なのに，結局停電させないためにはCO_2を出す従来の発電所に頼らざるを得ません．日本で太陽光発電が可能な時間の割合の統計をとると，だいたい年間で14〜15％程度の時間しか発電していないという

研究結果があります．つまり，年間の85〜86%の時間は太陽光発電の装置は「ただの置いてある板」なのです．発電している時間がとても短いので，結果発電にかかるお金も高くなってしまいます．そこで日本では，太陽光発電普及のために固定買取価格制度FIT（Feed-in Tariff）という制度が導入されていました．しかしSPSは「夜でも雨でも発電できる太陽光発電」ですから，地上の太陽光発電と比べ年間の発電総量は5〜10倍程度になり，マイクロ波無線電力伝送の効率（約50%）や，打ち上げロケット代を加味しても，発電にかかるお金も安く（火力発電所と同程度），CO_2も出さず，かつ安定な発電ができる将来の発電所，ということになります．

　こう書くとSPSはいいことだらけのように感じます．しかしSPSに反対する人も多数存在します．その反対理由の1つとして「SPSは大きすぎて，実現できるわけがない」ということがあります．先にマイクロ波無線電力伝送のためには直径数kmのアンテナを用いる，と書きました．マイクロ波無線電力伝送は，周波数とアンテナ間距離とアンテナの大きさによって効率が決まります．送電距離3万6000kmで，効率90%以上で無線電力伝送を行うために，周波数が5.8GHz帯のマイクロ波を用いると，送電アンテナと受電アンテナの直径がそれぞれ2〜2.5km必要である，という計算になるのです．これは電波の理論計算に基づくもので，技術だけではアンテナの大きさを小さくするには限界があります．電波の理論で決まるのはこのアンテナの大きさだけで，実は送る電気（＝電波）の量は自由に設定することができます．数kmの大きさのアンテナから100万kWを送っても，1Wを送っても，「効率」は同じなのです．しかし，こんな数kmの大きさのアンテナを宇宙へ打ち上げて1Wしか発電しなければ，電気代を相当高くしないと発電所として商売が成り立ちません．そこで電気代を現在の火力発電所と同程度にするためにSPSを最適化設計した結果，100万kW程度の出来が地上で使えるようにするのがベストであるとなりました．マイクロ波無線電力伝送の効率は約50%と設計していますので，SPSでは200万kW程度太陽光発電しなければならないことになります．200万kW程度の太陽光発電に必要な太陽電池のサイズは，いまのメガソーラー用の太陽電池と同程度の発電効率をもつ太陽電池を用いると仮定すると，やはり数km角となるのです．太陽電池やアンテナを含むSPSの重量は今

90 ｜ 5　宇宙太陽光発電

後の技術の発展を期待して約 1 万 t 程度を目指す,と設計されています.現在までに人類が宇宙に建設した最大の建造物は国際宇宙ステーションですが,現在の大きさが約 108 m × 73 m,重量約 420 t ですので,SPS のサイズ数 km 角,重量約 1 万 t 程度がどれだけ大きいか想像できると思います.当然打ち上げロケットの能力も現在のままでは不足であり,打ち上げ費用も莫大なものとなります.

　この理由で「SPS は実現できるわけがない」と反対する人が多いのです.しかし逆に考えると,SPS は「大きいだけ」なのです.太陽電池はいまみなの周りにある技術ですし,マイクロ波無線電力伝送もとくに最近ワイヤレス充電技術として実現しようとされています.SPS にはタイムマシンのような理論的な壁も,透明マントのようなまだ実現できていない技術的な壁もありません.もちろん全体として軽量化する研究や,電気的なさまざまな効率を上げるための研究,ロケットの打ち上げ費用やほかのシステムの費用を下げるための研究などは必要です.しかし,SPS はいま身のまわりにある技術を積み上げ,大きくすれば実現できる技術なのです.昔,旧ソ連が世界で一番最初に人間を宇宙へ運んだ 1961 年当時,米国はロケット開発に失敗し続けていました.そんな中の 1962 年 9 月,ジョン・F・ケネディ米国大統領はライス大学にて「この 10 年のうちに月へ行くことを選び,そのほかの目標を成しとげることを選びます.」と演説し,周囲を驚かせるとともに嘲笑されたのです.「ロケット打ち上げに失敗ばかりしている米国が 10 年で月に人間を打ち上げることができるわけがない」と.「ケネディ大統領は技術のことを何もわかっていない」と.しかし,月へ先に到達したのは旧ソ連の人間ではなく,1969 年にアポロ 11 号に乗った米国人ニール・アームストロングらでした.いま私を含めた SPS の研究者はこのケネディの演説を胸に,「できるわけがない」SPS を実現すべく,精力的に研究を行っています.

　SPS が反対される理由のもう 1 つとしては,「人間は宇宙にまで進出する必要はない.そんな科学技術を盲信し,人間の欲望に歯止めをかけようとしないので科学は暴走し,しっぺ返しを食うのだ.私たち人類は価値観を転換しなければならない」という「そもそも科学や宇宙開拓は不要」という意見です.SPS のみではなく,巨額な予算を必要とするいわゆる「ビッグサイエンス」に

5.4　宇宙太陽光発電の利点と欠点　|　91

対する反対意見も多く存在します．この議論は 20 世紀以降の資本主義や科学第一主義に対するそもそもの反対意見であり，宗教や哲学の議論まで含むのかもしれません（篠原・木村，2012）．しかし，この章の最初で引用しました，世界最高の頭脳であったホーキング，イノベーションにより私たちの生活を根本から変革したアマゾンのベゾスやテスラモータースのマスクは声を揃えています．「人類は宇宙開拓をすべきである」と．もちろん私たちは科学を盲信してはならず，この議論は今後も深めていかなければいけないと思います．しかし，私たちは将来のためにできうることはすべて行うべきであり，ときに失敗はあるかもしれませんが，可能性があることは失敗も恐れずにトライすべきではないでしょうか．SPS は人類がこれまで建設したことがないくらい巨大な宇宙システムです．SPS ほど巨大な宇宙システムを建設できる宇宙技術を人類が手に入れれば，その技術を月面基地や火星移住や宇宙コロニーの建設にも応用できるはずです．ホーキングの警鐘を受け，人類が宇宙開拓を行うための第一歩として，SPS を位置づけることもできるのです．

5.5 宇宙太陽光発電所の経済性と将来性

ここでは SPS の経済性や将来性について数字をあげて説明します．まず SPS の経済性ですが，SPS として 1 万 t 級，100 万 kW 級を想定した場合，その建設には将来の技術向上を想定して 1.18 兆円かかると JAXA により試算されています（三菱総合研究所，2005）．その内訳を図 5.2 に示します．SPS を

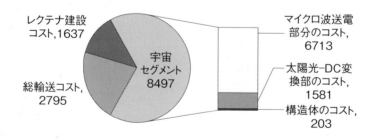

図 5.2　SPS の建設コスト予測（JAXA 試算，単位：億円）（三菱総合研究所，2005）

30年間運用することで8.5円/kWhの売電を予想しました．この計算にはSPS運用中の保守費などさまざまな要素が仮定されていて，発電所としての経済性や採算性が成り立つようになっています．また先に述べた静止衛星軌道への設置とマイクロ波無線電力伝送の効果により，太陽光発電の設備稼働率が上がる結果，エネルギーペイバックタイム（Energy Payback Time；EPT）も約1.23年と計算されています（三菱総合研究所，2005）．EPTとは発電所などの建設や運用にかかるエネルギー（投入エネルギー）を計算し，その発電により何年でその投入エネルギーが回収できるかを示す指標です．SPSでは地上の太陽光発電と比べるとロケットなどに余分なエネルギーを投入していますが，約1.23年で十分エネルギー的なもとがとれる試算となっているのです．この試算では地上太陽光発電のEPTは約10年となっており，雨でも夜でも発電できるというSPSの効果が如実に現れています．

　SPSにはさまざまな設計がありますが，それぞれのSPSについて発電単位あたりのCO_2負荷の比較が吉岡ほか（2009）でなされています．その試算では，たとえばCO_2をたくさん含む石炭を燃やす石炭火力発電では975 g-CO_2/kWh，ウランというCO_2を含まない燃料を用いる原子力発電では22 g-CO_2/kWh，地上の太陽光発電は53〜76 g-CO_2/kWhとなっています．CO_2を含む化石燃料を燃やさないはずの太陽光発電などのCO_2排出量が0でないのは，太陽電池を製作する際や，コンクリで発電所をつくる際にCO_2が排出されてしまうからです．これに対し，SPSのCO_2負荷は11〜58 g-CO_2/kWhと試算されています．SPSではほかの太陽光発電と同様に，建設時のみにCO_2を排出しますが，運用時にはCO_2の排出は0となります．地上に置いた太陽電池よりもCO_2排出量が少ないのは，夜昼を問わず発電できるために発電量がとても多くなっているからです．SPS建設時に必要な電力をさまざまなCO_2を排出する発電方式に頼るとCO_2排出量は高めになりますが，すでに宇宙に多数のSPSがあり，そのSPS電力を利用し建設するという仮定で試算すると最低量の11 g-CO_2/kWhとなります．このように，SPSはまず近い将来の発電所としてみたときに，十分採算がとれ，温暖化防止にも寄与できる発電所であるといえるのです．

　SPSは新エネルギーの1つとして当面の私たちの生活を支えてくれるのみで

はなく，さらに太陽エネルギーを高度に利用し，持続的発展可能な生存圏の発展にも寄与できます．生存圏とは私たちが生きるために必要な領域のことを示す単語です．現在の生存圏は地球という，限られた，そして孤立した閉鎖系に限られています．しかし，SPS は当面の地球上での閉鎖系における生存圏の維持だけに寄与するのではなく，さらに将来の宇宙という開かれた世界，開放系への生存圏の拡大にも寄与できるのです．生存圏の限界，地球環境の悪化というのは，地球という閉鎖系上で増えゆく人類の数と生活の質の向上を図るという矛盾した状況であるがゆえに発生します．だからホーキングらは「宇宙開拓すべき」といっているのです．SPS という 1 万 t 級の巨大宇宙システムを建設，運用できるような宇宙技術を人類が手にすれば，いずれ宇宙コロニーの建設や月面基地建設，火星移住など，人類の生存活動を宇宙へと広げることができるようになると思います．そうすれば限られた資源を地球閉鎖系で取りあい，win–lose 関係で争い合うよりも，宇宙開放系で win–win 関係でみなが充足されるような生存圏を実現できるのではないでしょうか．

　化石資源の枯渇が懸念されはじめた 1970 年代に，環境問題の影響もあわせ，人類の成長には限界がある，と警鐘を鳴らしたローマクラブの『成長の限界』は衝撃的でした（メドウズほか，1972）．彼らは人口と工業投資がこのまま倍々ゲームのように成長を続けると地球の有限な天然資源は枯渇し，環境汚染は自然が許容しうる範囲を超えて進行することになり，100 年以内に成長は限界点に達するというシミュレーション結果を出したのです．彼らの予測はさまざまな批判にさらされたのですが，しかしこの議論がその後の，とくに地球環境問題と非再生天然資源問題を中心とした成長の限界論が世界を席巻する先駆けとなり，「持続可能な発展」を世に広めた 1992 年のリオデジャネイロでの国連地球サミット，1997 年の気候変動に関する京都議定書といった世界的な流れにつながっているのです．ローマクラブは地球環境を取りまく状況の変化にあわせ，その後 2 度続編的レポートを出版していますが，結論は大きくは変わっていません．逆に結論が変わらないまま時間だけが過ぎたことになり，より地球を取りまく環境は悪くなっているといえるでしょう．

　ローマクラブの『成長の限界』に，SPS を加えて行われた生存圏シミュレーションの結果があります（Yamagiwa and Nagatomo, 1992）．地球閉鎖系では

「成長の限界」があると予測されるのに対し，SPS を加えた宇宙開放系では人類は成長の限界を迎えることなく持続的発展をとげることができることがわかります．このように SPS は近い将来の発電所として地球閉鎖系にいる私たちの生活を改善しつつ，先の将来は宇宙開放系の生存圏の形成と拡大にも寄与できる技術なのです．

5.6 さまざまな宇宙太陽光発電所の設計

5.6.1 最初の宇宙太陽光発電所

SPS の提唱は，宇宙開発競争まっただ中の 1968 年，米国ピーター・グレーザーの 1 本の論文によります（Glaser, 1968：図 5.3）．当時すでに化石燃料の枯渇問題は議論されており，Athur D. Little 社の技術開発者であったグレーザーは化石燃料の将来の枯渇と太陽エネルギー利用，そして太陽エネルギーを地上で利用した際のその規模の大きさを問題視していて，本論文でもそこを前提としていました．本論文では SPS システムについての深い議論はあまりなされていませんでした．しかし，グレーザーはマイクロ波無線力伝送を用いたよ

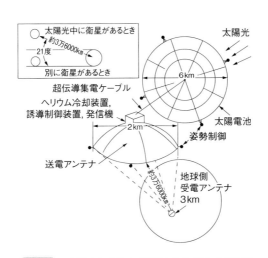

図 5.3　1968 年にはじめて提唱された SPS の概念図

り詳細に設計された SPS をアメリカで特許化するなど，その後の SPS 研究の
シンボルとして 2014 年に亡くなるまで精力的に SPS を推進していました．
1960 年代当時，米国ではマイクロ波無線電力伝送を用いたドローンの飛行実
験やビーム型の長距離送電実験が行われており（Brown, 1984），グレーザー
は当時このマイクロ波無線電力伝送を進めていたウィリアム・ブラウンと協力
し，SPS を構想したのです．

● 5.6.2　米国の宇宙太陽光発電所

　グレーザーの SPS 提唱の論文はいまから考えても革命的でしたが，宇宙シ
ステムや発電所として考えると設計といえるようなものではありませんでし
た．コロンブスの卵のようなものでしょう．グレーザーの論文以後，SPS が注
目されるようになるのは米国のエネルギー省（ERDA; Energy Research and
Development Agency，その後 DOE; Department Of Energy）が SPS に興味を
もったからです．米国エネルギー省がグレーザーの提案を受け，1976 年から
SPS に関する技術的適合性を検討しはじめました．1977〜1980 年の期間には
DOE と NASA の共同作業として進められることとなり，1980 年度予算には
2500 万ドルの巨額の調査費が認められていました．DOE/NASA による調査は
多岐にわたっていますが，とくに 1978 年 10 月に示された SPS リファレンス
システム（DOE and NASA, 1978；Koomanoff, 1980）はその後の SPS の検討
の方向を定めたものとなっています．

　SPS リファレンスシステムは，赤道上空 36000 km の静止衛星軌道上の重量
約 5 万 t，大きさ約 10 km × 5 km の太陽電池（Si または GaAs）で電気エネル
ギーを発生させる設計でした．現在の太陽電池も Si が主流で，GaAs を用いた
太陽電池は当時そして現在でもかなり進んだ太陽電池です．SPS リファレンス
システムでは宇宙空間で約 10 GW を発電し，その電気エネルギーを 2.45 GHz
のマイクロ波エネルギーに変換し，太陽電池パネルの端に取りつけられた直径
1 km の送電アンテナから地上に無線送電する設計でした．マイクロ波への変
換器は真空管の一種であるクライストロンがおもに設計に用いられていまし
た．半導体を用いてマイクロ波電力を効率よく変換できるようになるのは
1980 年代以降のことです．地上のレクテナは，米国が中緯度にあり，赤道上

空静止軌道からのマイクロ波ビームがやや斜め上から地上に送られることも考慮して 10 km × 13 km の直径の大きさとしていました．宇宙で発電した電力から地上で利用できる電力までの総合変換効率は約 50 % と見積もられ，最終的に地上で利用できる直流電力は約 5 GW でした（図 5.4）．

太陽電池から送電アンテナへは最長 10 km 近い距離をケーブルで送電しなければならず，40 kV の高圧が必要となるとされ，SPS の大きな課題の 1 つとなっていました．宇宙空間で高い電圧をかけると周辺の宇宙プラズマが放電し，機器を破壊してしまうからです．集電された電力を送電アンテナへ給電するわけですが，太陽電池部分は太陽指向性であり，アンテナ部分は地球指向性であるため，ロータリージョイントという，稼働しながら電気を通す装置で両者を接続しなければなりませんでした．リファレンスシステムではロータリージョイントとしてスリップリングを用いた電気結合方式を採用していましたが，1 日 1 回転する直径 15 m のスリップリングを通し，10 A/cm^2 の電流密度で送電しなければならず，当時また現在でもこの数値は大変高い技術目標であり，リファレンスシステムの大きな技術課題の 1 つとなっていました．

本プロジェクトでは SSPS 60 基で全米の全発電量をまかなうという試算もなされていました．非常に巨大なモデルであり，発電所として売電を考えた場合に採算が合わないとされて以後米国ではいったん SPS 研究が中断してしま

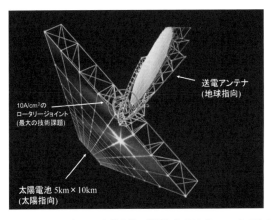

図 5.4　米国 DOE/NASA が 1970 年代後半に設計した SPS リファレンスシステム概念図

5.6　さまざまな宇宙太陽光発電所の設計　｜　97

いました．この背景には当時の世界情勢や政治的理由など複雑なものがあったといわれています．

　しかし，ロナルド・レーガンとジョージ・H・W・ブッシュによる長期共和党政権が終わり，1993年からビル・クリントン大統領を擁する民主党政権となると，1980年代に米国がSPS研究を中止したあとも検討を行っていた日本の研究に刺激されたり，当時問題が大きくなっていた世界の環境問題などに刺激され，米国でもSPS研究を改めて見直す動きが出てきました．NASAでは1995年から1997年にかけてSPSの見直しプログラム「Fresh Look Study」(Sancoti et al., 1996；Mankins, 1997) を行い，経済性の面で改善がみられる次世代SPSである「サンタワー」を今後推進していく決定を行いました（図5.5）．Fresh Look Study以後，NASAではSPSの検討が進められていきますが，SSP Concept and Technology Maturation Program（SCTM：2001〜2002）以降ふたたびSPS研究は中断されることとなります．

　Fresh Look Studyをリードしたジョン・マンキンスはNASAでのSPS研究のフェードアウトとともにNASAから去り，その後独自のSPS設計を提唱します．2011年に提唱されたSPS AlphaとよばれるSPSは，太陽—地球—SPSの位置関係によって太陽電池とマイクロ波送電アンテナを取りまくミラーの形状が図5.6のように変形して効率を高めるようになっています．SPS Alphaはこの SPSの形状に関し詳しく技術検討がされていますが，マイクロ波無線電力伝送や太陽電池などのほかの部分はグレーザーの最初のSPSのようにあまり詳細な設計はされていません．SPS Alphaはマンキンスの会社が提唱主体になっており，21世紀に入り米国ではSPS研究は民間からの報告が多く聞こえるようになってきます．たとえば米国Northrop Grumman社はカリフォルニア工科大学に3年総額1750万ドル（約20億円）をSPS研究費として払う契約をし，大型宇宙構造物やマイクロ波送電システムの研究を行っています．今後は米国のほかの宇宙技術と

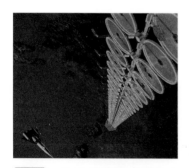

図5.5　1990年代に米国で設計されたサンタワー概要図

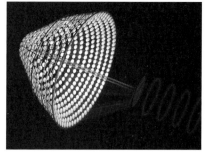

図5.6　現在米国民間会社が提唱する SPS Alpha の概念図とその変形

同様，民間発の SPS 開発がはじまるかもしれません．

5.6.3　日本の宇宙太陽光発電所

　SPS リファレンスシステムは 1980 年代初頭の日本の宇宙研究の関係者に衝撃を与え，さっそくその内容は電波研究所（当時）によって紹介されています（電波研究所，1982）．当時 NASA に留学していた京都大学の松本紘は SPS のことを知り，帰国後さっそく SPS のためのマイクロ波送電のロケット実験を実施しています．実験は最初 1980 年に宇宙科学研究所のロケットを用いて行われ，失敗があったものの，再チャレンジの結果，1983 年に無事に世界初の宇宙でのマイクロ波送電実験に成功しています（Matsumoto and Kimura, 1986）．宇宙科学研究所ではロケット研究者であった長友信人が中心となり，1982 年には SPS を目指す宇宙エネルギーシンポジウムをスタートさせ，1987 年には同研究所の宇宙工学委員会のもとに SPS ワーキンググループが設置されています（佐々木，2007）．SPS ワーキンググループは 1997 年に SPS 研究会へと発展し，さらに 2015 年には SSPS 学会へと発展して現在にいたります（宇宙太陽発電学会）．

　宇宙科学研究所の SPS ワーキンググループは，1980 年代に日本で SPS の技術実証を行う目的として中型 SPS である SPS2000 の設計も行っています（SPS2000 タスクチーム，1993）．地球の赤道軌道上空 1000 km と衛星の高度が低いため 1 日に何度も地球を周回する衛星で，赤道上の国々にレクテナサイ

トを建築し，実験を行おうとしていました．当時の最先端ロケットであるアリアンVもしくはプロトンでの打ち上げを計画していました．SPS2000は三角柱形状をしているため，太陽電池は太陽指向性をとる必要はなく，ロータリージョイントが不必要となる特徴があります．SPS2000では1日に何度も地球を周回するために，商用SPSへとつながる実証SPSであり，国際連携も視野に入れた非常に重要なSPS設計でした．2000年ごろの実現を目指していましたが，残念ながら詳細設計により得られた知見だけが成果となり，実際にはSPS2000の打ち上げは行われませんでした．

　これら大学などのSPS研究を受け，新エネルギー・産業技術総合開発機構（NEDO）では1991年度より3年間にわたって最初の日本版SPSの設計検討に着手しました（三菱総合研究所，1992，1993，1994）．この最初の日本版SPS（NEDOグランドデザイン）は，静止衛星軌道から2.45 GHzのマイクロ波を用いて地上に送電し，地上で1 GWを利用できるシステムでした．リファレンスシステムでは衛星内を直流で送電するのに対し，NEDOグランドデザインでは20 kHzの交流伝送を適用し，送電アンテナへの伝送電圧は交流30 kVとしていました．リファレンスシステムで最大の課題とされた太陽電池と送電アンテナの接続部であるロータリージョイントは，磁界結合方式を採用していました．これは現在スマートフォンのワイヤレス充電器（置くだけ充電器）で採用されているワイヤレス給電技術と同様の技術です．電気結合方式が物理的接触型であるのに対し，磁界結合方式はトランス技術を応用した非接触型であり，信頼性が高いのですが，交流伝送が前提となります．

　送電システムは従来のクライストロンを用いたシステムに加え，半導体（FET）増幅器を用いたシステムの検討がなされていました．送電アンテナはダイポールアンテナを用い，反射板を放熱板として利用するようなアンテナでした．マイクロ波無線電力伝送用マイクロ波は2.45 GHzのほかに5.8 GHzも視野に入っていました．送電アンテナの直径は約1 km，受電レクテナは10 km×13 kmの大きさでした．これはリファレンスシステムよりも進んだ技術を採用していたからです．

　2000年代に入るころ，JAXA（当時NASDA）がSPS検討を本格化させます．1998年度より，NASDAより三菱総合研究所への委託業務として，「宇宙

太陽光発電システムの調査・検討」がはじめられました．NASDAにより設計
されたSPSは，リファレンスシステムの課題を踏まえ，ロータリージョイン
トの廃止と，衛星内高圧配線の廃止を目標にデザインが行われました．その結
果，大きなミラーとその回転運動を利用して太陽─地球─SPSの位置関係を最
適に保つ構造とし，太陽電池とマイクロ波送電アンテナを表裏一体構造として
衛星内での長距離高圧配線を廃止する設計となりました．太陽電池とマイクロ
波送電アンテナの表裏一体構造はサンドイッチモジュールともよばれ，2001
年3月にサンドイッチモジュール型SPSデモンストレーションモデルSPRITZ
（Solar Power Radio Integrated Transmitter '00）の開発と実証実験も行われて
います（森ほか，2016）．NASDAがJAXAとなっても本検討委員会は引き継
がれ，2003年および2004年度にはこれまでミラーとサンドイッチモジュール
を結合して一体の衛星としていたSPSデザインを変更して，ミラー支持構造
の撤廃による構造的成立性向上のためのミラーと発電送電モジュール分離の編
隊飛行の検討と，SPRITZの開発やその後の熱検討で判明した課題である熱制
御の高度化のための発電送電モジュール分離／近接型のSPSデザインが検討
されました（三菱総合研究所，2004；森ほか，2005）．これらの工夫により構
造的・熱的成立性が高くなり，これまでになく現実的なSPSデザインとなった
のです．2004年度以降，JAXA SPSはこの編隊飛行型かつ発電─送電モジュ
ール分離型で固定され，その後も詳細な検討が行われていました（図5.7）．最
終的なSPSの設計は，
・軌道：静止衛星軌道36000 km
・一次ミラー（2枚）と発送電モジュールの3衛星の編隊飛行方式
・重量：約8000 t（発送電モジュール）+1000 t × 2（一次ミラー）
・一次ミラー：2.5 km × 3.5 km × 2枚
・太陽電池：直径約1.2〜2 km
・発電能力：2 GW（地上で1 GW）
・マイクロ波周波数：5.8 GHz
・送電部：直径約1.8〜2.5 km
となっています．
日本ではJAXA以外にも宇宙開発を進める団体があり，その1つが財団法人

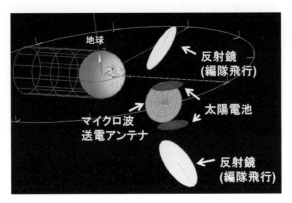

図 5.7　日本で設計された JAXA2004 モデル SPS

J-Spacesystems です．J-Spacesystems は前身の USEF（財団法人無人宇宙実験システム研究開発機構）のころより，経済産業省宇宙開発室の委託を受け，エネルギー的観点から SPS の検討を行ってきました．この SPS 検討は 2000 年度から活動がはじまっており，2019 年の現在まで形を変えて継続しています．USEF SPS 検討委員会で検討された SPS は重力傾度姿勢安定，テザー方式，発送電一体型パネル数百万枚，バス部などから構成される案です．この SPS は (1) 重力安定により，定常状態では姿勢安定に消耗されるエネルギーを必要としない，(2) 可動部をもたない，(3) ユニット化した発送電一体型パネルを，軌道上で多数平面状に組み立てることなどにより構築可能である，(4) 集光しないため，熱設計が比較的容易である，といった特徴をもちます．発電量は地上で 1 GW の電力を得られる設計となっていて，5.8 GHz のマイクロ波での無線電力伝送を行いますが，その構造上発電量が 1 日周期で大きく変化してしまう問題がありました．構造的なシンプルさをとるか，安定した発電をとるかはシステムデザインポリシーに依存していますが，USEF モデルはシンプルさを選んだ結果となっています．2006 年度以降はアンテナ面にも太陽電池を張ることでこの弱点をカバーする設計へと変更され，またテザーの張り方も改良して宇宙空間でより安定な形状となっています (Sasaki et al., 2006)．図 5.8 は USEF モデルの SPS の図です（三原ほか，2007；小林ほか，2008）．

　USEF が J-Spacesystems となり，2009 年度より 6 年間のプロジェクトとし

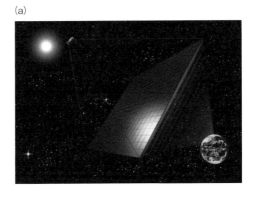

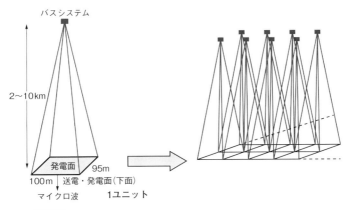

図 5.8 日本で設計されたマルチバステザーシステムによる USEF SPS
(a) ベースライン，(b) マルチバステザー型（Sasaki *et al.*, 2006；三原ほか，2007）．

て，SPS を目指したマイクロ波送受電システムの研究開発が実施されました．私が委員長を務める本検討委員会では，5.8 GHz のマイクロ波帯で高効率動作するガリウム窒素（GaN）半導体増幅器の開発とそれを用いた薄型軽量マイクロ波送電用フェーズドアレー送電システムの開発，高効率レクテナアレーの開発を行いました（J-Spacesystems，2016）．新たに開発された約 7 W 出力の 5.8 GHz GaN 半導体増幅器の効率は約 70 ％ に達しました．それらを組み合わせ，2015 年 2 月にマイクロ波送受電実験を実施し，送電マイクロ波電力約 1.8 kW に対し，55 m 先のレクテナアレーで約 330 W の直流出力を得ることに

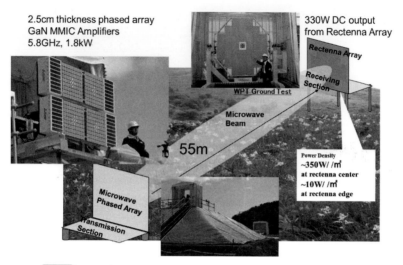

図 5.9 2015 年 2 月に行われた 5.8 GHz-1.8 kW-55 m マイクロ波送電実験

成功しました（図5.9）．これは送受電アンテナの大きさと周波数，送受電間距離で決まるビーム効率の理論限界を考慮するとほぼ理論通りの効率でした．このプロジェクト以後も本 SPS 検討委員会は続いており，経済産業省は 2017 年 3 月にマイクロ波送電技術を中心とした SPS の構想および研究開発にかかる 2050 年ごろまでのロードマップを発表しました．ロードマップ作成にあたっては，現時点での技術レベルを調査し，想定される将来の技術進展を踏まえ，今後実施すべき研究開発の内容および目標を明確化し，また本事業の成果を活用した次期の地上実証試験計画を検討・作成しました．SPS のロードマップはこれまでも何度か公表されていますが，本ロードマップは SPS のみならず，さまざまなスピンオフテクノロジーについても言及し，相互の発展を目指したものとなっていることに特徴があります．

5.6.4　ヨーロッパの宇宙太陽光発電所

欧州では米国ほど活発ではないものの，SPS の検討が行われています．
2017 年にはイギリスの民間会社から新しい SPS 設計が提唱されました．CASSIOPeiA（Constant Aperture, Solid-State, Integrated, Orbital Phased

図 5.10 現在イギリスの民間会社が提唱している SPS CASSIOPeiA

Array）と名づけられたこの SPS は，マイクロ波ビームをアンテナの向きを変えることなく 360 度すべての方向にコントロールできる特殊な構造をしていて，SPS の姿勢制御が不要であるという特徴があります（図 5.10）．打ち上げから組み立てまでの過程もよく検討されています．

5.6.5 アジア各国の宇宙太陽光発電所

中国では，1992 年に日本で開催された国際宇宙学校において SPS がテーマの 1 つに取りあげられ，そこに中国の研究者が参加して SPS に興味をもちはじめたことに端を発します．その後中国で開催された宇宙関係の国際会議に参加したりしながら，中国空間技術研究院（CAST; China Academy of Space Technology）が 2010 年と 2017 年に中国で SPS に関するワークショップを開き，現在 SPS 研究の機運が非常に高くなっています．とくに CAST が主導して設計した SPS であるマルチロータリージョイント SPS（MR-SPS：図 5.11 (a)）と，西安大学が中心となり設計した SPS Omega（図 5.11 (b)）の 2 つの SPS が検討されています．

中国以外のアジア各国でも SPS への関心は高まっており，シンガポールでは 2017 年にシンガポール国立大学で，韓国では 2017 年と 2019 年に韓国航空宇宙研究院（KARI; Korea Aerospace Research Institute）でそれぞれ SPS シンポジウムが開催されています．インドは中国の CAST や米国との SPS 研究における連携を行っています．今後アジア各国が連携して SPS 研究開発を進め

5.6 さまざまな宇宙太陽光発電所の設計 | 105

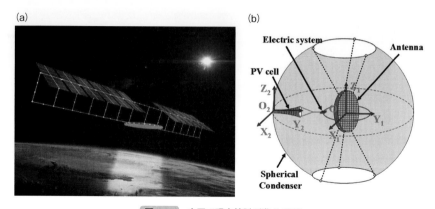

図 5.11 中国で現在検討が進む SPS
(a) マルチロータリージョイント SPS (Xinbin *et al.*, 2014-2015), (b) SPS Omega (Yang *et al.*, 2016).

ていくかもしれません.

5.7 未来は自らがつくるものである

　パーソナルコンピュータの父ともよばれるアラン・ケイは「未来は予測するものではない. 自らがつくるものだ.」と述べています. 未来に向かい演説するケネディ大統領の横で「できるわけがない」というのは簡単です. しかし眺めているだけでは未来はよくはなりません. いま私たちが地球の上でさまざま抱える問題は, このまま傍観者でいてもよい方向に向くとは思えません. 未来をつくるために, 宇宙を目指したいと思います. しかしいきなり火星移住や宇宙コロニーといってもさすがに夢物語にしか聞こえませんし, 火星に移住するまでに地球が待っていられるか, 先のことすぎて心配になります. そこで将来の宇宙開拓への橋渡しにもなり, 地球が抱える問題も解決できる宇宙太陽光発電所 SPS を早急に実現したいと考えています. SPS はやろうと決めれば今日から開発可能なのです. 未来をつくってきたのは個人の意思です. これまで日本で培ってきた SPS 研究を今後さらに未来へつなげたいと思います. SPS の技術詳細やマイクロ波無線電力伝送の技術詳細は参考文献をご覧ください.

引用文献

宇宙太陽発電学会（SSPS 学会）：http://www.sspss.jp/

SPS2000 タスクチーム：SPS2000 概念計画書，宇宙科学研究所，1993.

小林裕太郎ほか：SSPS に関する USEF の活動状況（2007 年度）．信学技報，**SPS2008-02 (2008-04)**: 5-10，2008.

佐々木進：長友先生と SPS　長友先生の SPS 研究の歴史．第 10 回 SPS シンポジウム予稿集，2007.

篠原真毅・木村周平：クリーン・エネルギーをめぐる科学技術と社会—宇宙太陽発電を事例に—．講座　生存基盤論　第 3 巻　人間圏の再構築—熱帯社会の潜在力—（速水洋子ほか編），pp. 275-298，京都大学学術出版会，2012.

電波研究所：電波研究所季報　太陽発電衛星（SPS）特集号，**28**(148)，1982.

三菱総合研究所：新エネルギー・産業技術総合開発機構委託業務成果報告書　宇宙発電システムに関する調査研究，1992，1993，1994.

三菱総合研究所：宇宙航空研究開発機構委託業務　宇宙エネルギー利用システム総合研究，2004.

三菱総合研究所：平成 16 年度宇宙航空研究開発機構委託事業成果報告書　宇宙エネルギーシステムの総合研究，2005.

三原荘一郎ほか：SSPS に関する USEF の活動状況（2006）．信学技報，**SPS2007-01(2007-04)**: 1-6，2007.

森　雅裕ほか：JAXA における宇宙エネルギー利用システムの研究状況．第 7 回 SPS シンポジウム講演集：132-137，2005.

森　雅裕ほか：宇宙太陽発電システム（SSPS）の来し方行く末〜今，何を目指すべきか〜．宇宙太陽発電，**1**: 1-7，2016.

吉岡完治ほか（編著）：宇宙太陽発電衛星のある地球と将来，慶應義塾大学出版会，2009.

メドウズ，ドネラ・Hほか（著），大来佐武郎（監訳）：成長の限界　ローマ・クラブ「人類の危機」レポート，ダイヤモンド社，1972.

Brown, William C.: The History of Power Transmission by Radio Waves. *IEEE Trans. MTT*, **32**(9): 1230-1242, 1984.

DOE and NASA: Satellite Power System; Concept Development and Evaluation Program Reference System Report, 1978.

Glaser, Peter E.: Power from the Sun; Its Future. *Science*, **162**: 857-886, 1968.

J-Spacesystems：平成 21 年度〜平成 26 年度　太陽光発電無線送受電技術研究開発，2016. https://ssl.jspacesystems.or.jp/project_ssps/wp-content/uploads/sites/17/2016/06/160603_4.pdf

Koomanoff, F. A.: Satellite power system concept development and evaluation program: The assessment process. In Final Proceedings of the Solar Power Satellite Program Review (DOE Report CONF-800491): 15-20, 1980.

Mankins, John C.: A fresh look at the concept of space solar power. Proceeding of SPS'97, S7041, (in Montreal), 1997.

Matsumoto, Hiroshi and T. Kimura: Nonlinear Excitation of Electron Cyclotron Waves by a Monochromatic Strong Microwave—Computer Simulation Analysis of the MINIX Results—. *Proceedings of ISAP'85*: 135–140, 1985.

Sancoti, M. L. *et al.*: Space solar power: A fresh look feasibility study—Phase I report. Report SAIC–96/1038 (Space Applications International Corporation for NASA LeRC Contact NAS3–26565, Schaumburg, Illinois), 1996.

Sasaki, Susumu *et al.*: A New Concept of Solar Power Satellite : Tethered–SPS. *Acta Astronautica*, **60**: 153–165, 2006.

Xinbin, Hou *et al.* : Multi-Rotary Joints SPS. *On-Line Journal of Space Communication*, 2014–2015.
https://spacejournal.ohio.edu/app/generic.html

Yamagiwa, Yoshiki and Makoto Nagatomo: An evaluation model of solar power satellites using world dynamics simulation. *Space Power*, **11**(2): 121–131, 1992.

Yang, Yang *et al.* : A novel design project for space solar power station (SSPS–OMEGA). *Acta Astronautica*, **121**: 51–58, 2016.

参考文献：中・上級者向け

篠原真毅（監著）：宇宙太陽発電（知識の森シリーズ），オーム社，2012.

篠原真毅・小紫公也：ワイヤレス給電技術—電磁誘導・共鳴送電からマイクロ波送電まで—（設計技術シリーズ），科学情報出版，2013.

Shinohara, Naoki: *Wireless Power Transfer via Radiowaves（Wave Series）*, ISTE Ltd. and John Wiley & Sons, Inc., 2014.

chapter 6

宇宙人との出会い

木村大治

　本章では「宇宙人」の話をしたいと思います．そう書くと，「宇宙人って本当にいるの？」「そんなものが研究できるの？」などといった疑問が湧いてくるかもしれません．私はアフリカの人々について調べている人類学者ですが，そんな私がなぜ宇宙人を研究しようと思ったのでしょうか．それを説明するには，人類学という学問が何を目的としているのかを考える必要があります．人類学が対象にしているのは異文化の地であり，そこに住む「他者＝自分たちとは違うものたち」です．しかし，アフリカの人たちももちろん私と同じ人間であり，同じような姿をし，同じようなものを食べ，言葉を使ってコミュニケーションを交わしています．そういった共通点を引きはがしていって，「より極端な他者」を考えようとするときに登場するのが，「宇宙人」なのです．本章では，そのような形でわれわれの日常的な会話に登場してくる「宇宙人」という言葉（あるいは「表象」）を手がかりに，理解やコミュニケーションが成立する条件について考えていきます．

6.1　宇宙人類学

　私は，アフリカ熱帯林の農耕民や狩猟採集民を対象とした人類学を専門にしていますが，いわば副業として「宇宙人類学」の研究をしています．人類学者の仲間たちと「宇宙人類学研究会」を立ち上げたのが2011年なのですが，そのころから，京大宇宙ユニットにも「人文系メンバー」として参加しています．

　しかし，「宇宙人類学」と聞くと，多少とも人類学のことを知っている人は「ん？」と思うかもしれません．人類学の根幹にはフィールド調査があるわけ

ですが，宇宙でそんな調査ができるのでしょうか？　宇宙飛行士になるのは何百倍という高い競争率で，人類学者が調査に行きたいといっても，おいそれと行かせてもらえるわけではありません．（実際，私の知るかぎりでは，宇宙に行った人類学者はまだ1人もいません．）そうすると，宇宙飛行士の人にインタビューしたり，書かれたものを読んだりするしかないということになるのですが，そういうやり方は，人類学の業界では「安楽椅子の人類学」とよばれて馬鹿にされてしまうのです．20世紀の初期までの人類学者は，植民地の行政官，宣教師，旅行家などが現地で集めてきた資料を，本国で安楽椅子に腰かけて比較分析する，という方法をとっていました．それに対し，マリノフスキーやラドクリフ＝ブラウンといった人類学者たちが，現地に長期間住みこんで調査をする，いわゆる参与観察というやり方を確立し，それが近代人類学の主要な方法になったという歴史があるのです．

　宇宙に行けない人類学者に，「宇宙人類学」は可能なのか？　初っぱなからいきなりピンチなわけですが，私たちは，当面は宇宙に行けなくても（もちろんチャンスがあれば喜んで行きますが），宇宙を舞台にした人類学は可能だと考えています．この章では，そういった研究の1つとして，「宇宙人との出会い」について書いてみたいと思います．ただ注記しておくと，宇宙人類学研究会でこのような一見キワモノ的なテーマでやっているのはほぼ私1人で，ほかの人たちはもう少し現実的なテーマで研究をしています．それらは簡単にまとめると，以下のようなものです．

- 人類史の中で，人類が宇宙に進出する意味とは何か．
- 人類が宇宙に進出したとき，そこでの社会や文化はどのようになるのか．また，身体はどのように変容していくのか．
- 宇宙に滞在するとき，狭い宇宙船や無重力状態といった環境で，人間の認知や経験はどのような影響を受けるのか．
- 社会や科学技術は，どのように宇宙開発にかかわっているのか．

これらの研究の成果の一部はすでに，『宇宙人類学の挑戦』（岡田ほか編，2014）という形で刊行していますので，興味のある人はぜひ読んでみてください．

　ところで，なぜ「宇宙」という対象が人類学にとって重要になってくるので

しょうか．それを考えるには，人類学は基本的に「異なるもの」を対象にしてきた，という歴史を振り返る必要があります．たとえば，私がわざわざアフリカまで行って調査をするのは，そこに住んでいる人たちが，私たち日本人とは違う考え方をもち，違う生活を行っているからです．それらを知ることによって，じゃあ逆に私たちが普段やっていることはそれしかないのか，という反省が生まれてきます．自分たちのやっていることが絶対だ，という考え方は，人類学では「自文化中心主義（エスノセントリズム）」とよばれるのですが，異なるものに触れることによって，この自文化中心主義を揺り動かし，じゃあ結局，人間というのはどういう存在なのか，ということを考え直す．これが人類学の基本的なやり方なのです．

　そのような「異なるもの」の中で，一番極端なものを考えてみるとき，浮かび上がってくるのが「宇宙」なのです．宇宙の環境は地球上とは比べものにならないくらい厳しいものです．宇宙空間には空気がなく，重力もありません（第1巻第5章（石原昭彦・寺田昌弘）参照）．また，これからみていく「宇宙人」という存在も，地球上の異民族，あるいは他種の生物たちとはまったく異なった連中だと想像されます．そういった，もっとも極端な「異なるもの」を対象にしている宇宙人類学は，その意味でもっとも先端的な人類学である，ということができるかもしれません．

　それではここから，宇宙人について考えていきます．前半では，私たちが宇宙人についてどのように考えているのか，という問題を扱います．そもそも，（一部の人の主張を除けば）私たちはまだ宇宙人に出会ってないわけですが，それにもかかわらず，私たちはある意味でたいへん熱心に，宇宙人についての考えをめぐらせています．こういった宇宙人へのまなざしの根本には，いったい何があるのか．このことをみていきたいと思います．そして後半では，もし彼らと出会えたら，そこでどのようなコミュニケーションが可能なのか，という問題を考えます．これら2つの話題は，人類学の中心にある「コミュニケーションとは何か」という問いに深く関わっているのです．

　しかし，このような大きな問題は，この短い文章ですべて論じきれるわけはありません．私は，『見知らぬものと出会う―ファースト・コンタクトの相互

行為論』（木村，2018）という単著を書きましたので，詳しい議論を知りたい方はそちらを参照してください．なお，本章の内容は，この単著に書いた内容と一部重複していることを申し添えます．

6.2 宇宙人へのまなざし

　私たちは普段平気で「宇宙人」という言葉を使っていますが，よく考えてみるとそれはとても変なことかもしれません．なぜなら，くり返していうように，私たちはまだ宇宙人に会ったことがないのですから，そのような相手のことを，どうしてそんなに普通に考えることができるのでしょうか．これは実はたいへん大きな問題だといえます．

　まず，「そもそも宇宙人って何？」という問いを考えてみましょう．この問いに対しては，たとえば「宇宙に住む生命体」などという答えが返ってくるかもしれません．しかし，それでは十分な答えとはいえません．たとえばアルファ星のベータ惑星に微生物が棲息(せいそく)していたとして，それは宇宙人とよべるでしょうか？　どうやら宇宙人は，「知性」とか「コミュニケーションの可能性」といった性質をもってないといけないようです．考えてみれば，「宇宙人」は「宇宙・人」つまり「『宇宙』に住む『人』」なのです．この「人」という言葉が，「知性」とか「コミュニケーションの可能性」という含みをもっているのです．そういった宇宙人のことを，私たちはさまざまな形で想像してきたわけですが，まずその様子をみてみましょう．

6.2.1　宇宙人の表象

　図 6.1 は，漫画などにもよく出てくる代表的な宇宙人の図像で，「グレイ」という名前がついています．その名のとおり体は灰色で，小柄で，大きな吊り上がった目をもっています．このような人間に似た宇宙人は，「ヒューマノイド型」とよばれており，SF に登場したり，UFO から出てくるとされている宇宙人の多くは，このタイプなので

図 6.1　グレイ

す．なぜ人間に似ているのかということに関しては，知的生命が進化してくると「収斂現象」によって人間の体型に似てくる，という説明がよくされます．「収斂 (convergence)」とは，進化の過程で，まったく異なった起源をもつ器官であっても，同じ目的をもつなら形が似てくるというプロセスのことです．たとえば水の中を泳ぐ魚類，クジラ類（哺乳類），そして絶滅した魚竜（爬虫類）が同じような流線型の体型をもっている，といった例があげられます．しかし，「知性」と「体型」が必然的に結びつくとは思えないので，私自身は「ヒューマノイド宇宙人」論にはあまり賛成できません．

一方，人間と似てない宇宙人の代表として，タコ型宇宙人のイメージがあります．図6.2は，H・G・ウェルズのSF小説『宇宙戦争』（Wells, 1898）に登場する火星人です．このように，人間とはまったく異なった体型で，かつ問答無用に地球を攻撃してくる宇宙人は，ヒューマノイド型の対極にあるといえるかもしれません．

『宇宙画の150年史』（ミラー，2015）には，これまでに描かれてきた宇宙人・宇宙生物の想像図が多数紹介されています．その中からいくつかを図6.3に例示します．これらはSFの挿絵画家が想像力を凝らして描いた宇宙人たちですが，ヒューマノイド型，非ヒューマノイド型，両方のイメージをみることができます．非ヒューマノイド型のほうは，恐竜に似たもの，クラゲか風船のようなもの，樹木の一部になっているものなどがあります．後者は，地球上の生物をモデルに想像されたものが多いといえます．

6.2.2 寓意としての宇宙人

ここまで述べてきた宇宙人イメージは，「宇宙人」といわれるとすぐ頭に浮かぶものでしょうが，私たちは日常的に，別の形で「宇宙人」という言葉を使っています．つまり，「あいつは宇宙人みたいなや

図6.2　タコ型の火星人 (Wells, 1898)

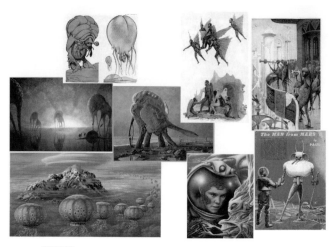

図6.3 SFの挿絵に現れた宇宙生物たち（ミラー，2015）

つだ」という言い方です.

　まず, 日本人の中で「宇宙人」という呼び名が似合う人の代表として, 鳩山由紀夫元首相に登場してもらいましょう. 鳩山は自分でも以下のように述べています.

> そう, 私は宇宙人です（笑）. それもいいじゃないですか. 日本人より地球人, 地球人より宇宙人です. 宇宙人なら, 国境も関係なく世界を見ることができます. 視野がはるかに広い. 政治家もメディアも一方向からしか地球をみていません. 国民の皆さんは, いつか必ずわかってくれると思います.
> 　　　　　　　　　　　（週刊FLASH　2015年4月7, 14日号）

　鳩山はなぜ「宇宙人」なのでしょうか. その切れ長の目と広い額が,「グレイ」を思わせるということもあるでしょうが, そのおもな理由はやはり, しばしば「常識では考えられない」と評される彼の発想にあるといえるでしょう.

　つぎにもう1人,「宇宙人」とよばれる人物を紹介します. フォン・ノイマンという数学者・物理学者で,「ノイマン型コンピュータ」という呼び名で耳にしたことのある人も多いでしょう. 彼は超人的な計算能力をもっていて, 同僚が手回し計算機で半分徹夜して解いた問題を, 暗算で5分で解いたという逸話をもっています. そのようなことから, 彼は同僚に「火星人」とよばれてい

たそうです．実際，彼の娘マリーナ・フォン・ノイマンは『火星人の娘』という自伝を書いています（Whitman, 2012）．

　ここで注意したいのは，鳩山とノイマンはともに宇宙人（火星人）とよばれているのですが，その「宇宙人っぷり」はまったく違うということです．鳩山は超人的な計算能力をもっているわけではないし，ノイマンはおそらく鳩山のような突飛な発想をしたわけではないでしょう．それぞれの「異なり方」は異なっているのです．

　以上述べてきたような形の「宇宙人」の使い方は，比喩的なものだといっていいでしょうが，そのような宇宙人概念は，別の分野にもみることができます．ここでは若干意外な例として，哲学的思索の中に登場する宇宙人をみてみます．20世紀を代表する哲学者として知られるルートヴィヒ・ウィトゲンシュタインは，『哲学探究』（1976）の中でつぎのような例をあげています．

　　私が或る像を見る．その像は，杖にすがりながら急な坂道を登っていく老
　　人を，表わしている．——しからば，如何にしてその像は，そのような事
　　を，表わしているのか？　もし彼がその姿勢でその坂道を下へ滑っている
　　としても，やはりその像のように見え得るのではないのか？もしかして火
　　星人はその像を，その老人はその姿勢でその坂道を下へ滑っているのだ，
　　として記述するかもしれないのではないか．しかし私は，何故われわれは
　　その像を火星人のように記述しないのかについて，説明する必要が無い．

ウィトゲンシュタインはここで，老人が坂を下に滑っていると認識するかもしれないのは，火星人が私たちのもっている何かの能力を欠落させているからだということをいいたいのでしょう．

　もう1つ例を出してみます．人類学者グレゴリー・ベイトソンの『精神と自然』（1982）の中に出てくるエピソードです．彼は一時，美術学校で教えていたのですが，その授業で学生たちに以下のような質問をしたのです．

　　用意してきた二つの紙袋の一つをあけると，私はゆでたてのカニを机の上
　　に置き，彼らに向かってこんな挑戦的な問いを発したのである．——「この
　　物体が生物の死骸であるということを，私に納得のいくように説明してみ
　　なさい．そう，自分が火星人だと想像してみるのもいいだろう．

この問いへの答えは，たとえばカニの殻が左右対称であるとか，よく似たパー

6.2　宇宙人へのまなざし　│　115

ツがいくつかついている，といったことになるのでしょうが，ベイトソンはそのような「規則性」をもつことが生物体の特徴であるということを教えようとしているわけです．ここで「火星人」は，私たちと知識を共有はしていないが，しかし生物の体の規則性を認識しうる存在として描かれています．

ウィトゲンシュタインとベイトソンの議論はよく似ています．つまり，私たち人間とよく似た知的能力をもっているが，何かが欠落した存在として，火星人をもち出しています．しかしよく考えてみると，その「欠落したもの」自体はかなり違っています．ウィトゲンシュタインの場合のそれは，自らの身体経験を通じて他者を理解する能力とでもいうべきものでしょうが，ベイトソンの場合は，身体経験というよりは，知識とか認識にかかわるもののことをいおうとしているように見えます．

● 6.2.3　SETI における宇宙人

ここまであげてきた宇宙人の例は，SF における想像であったり，寓意や思考実験のためのものだったわけですが，現実に宇宙人とコミュニケートしようという科学的な試みも存在しています．それは "Search for Extra-Terrestrial Intelligence"（地球外知性探査），略して SETI とよばれているものです．

宇宙に人間に近い生物がいるかもしれないという考えは，はるか昔からあったのですが（たとえば「かぐや姫」の話などもそれにあたるといえるでしょう），科学的な方法でその存在と交信しようという試みは，1959 年のコッコーニとモリソンによる論文「星間コミュニケーションの探索」（Cocconi and Morrison, 1959）にはじまります．その中ではまず，地球外に私たちと交信を試みている文明が存在する可能性があること，そして何光年もの距離を隔てた交信を行うには電磁波を用いるしかないことが論じられています．さらにその周波数は 1420 MHz（波長 21 cm）である可能性が高く，また信号が自然現象として発せられたのではないことを相手にわからせるためには，素数の列などが使われるだろう，といったアイデアが述べられています．

この論文の刺激を受けて，1960 年に人類初の SETI の試みである「オズマ計画」が開始されました．米国のグリーンバンクにある口径 26 m の電波望遠鏡が，くじら座タウ星とエリダヌス座イプシロン星[1]に向けられ，電波観測が行

われたのです．残念ながら宇宙人の信号らしきものは検出されなかったのですが，宇宙からの声にはじめて耳を傾けたというこの試みは，SETI 史上画期的であったといえるでしょう．このような試みは，現在にいたるまで規模を拡大しつつくり返し行われていますが，残念なことに，いまだ有意な信号はキャッチされていません．

　一方，地球側から宇宙に向けてメッセージを送信するという試みも行われています．1974 年，プエルトリコにある口径 300 m のアレシボ電波望遠鏡から，2 万 5000 光年離れた M13 球状星団に向けて電波信号が送信されたのです．この「アレシボ・メッセージ」は，1679 ビットからなるビット列（0 と 1 からなる列）なのですが，1679 という数は，実は 23 と 73 というふたつの素数の積になっており，ビット列を 23 × 73 の長方形に並べると，図 6.4 のような図形が現れるというしかけになっています．この図形は，1 から 10 までの数字，水素・炭素・窒素・酸素・リンの原子番号，DNA に含まれる糖と塩基の化学式，人間の絵，地球の人口，太陽系の絵などなどを表しており，それなりの知性をもった宇宙人なら読み解いてくれるだろうと考えられたのです．こういった「能動的 SETI」もまた，アレシボ・メッセージ以降，何度も試みられています．

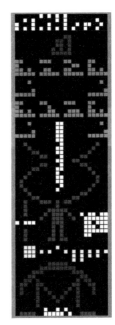

図 6.4　アレシボ・メッセージ

　電波ではなく，物理的な「もの」でメッセージを届けようとする試みも，1970 年代から行われています．図 6.5 は，人工物としてはじめて太陽系の重力圏を脱した探査機パイオニア 10 号・11 号に積まれた金属板です．そこには人間の男女の図像のほか，太陽の惑星，太陽系の位置を示す図形などが描かれています．またこのような具体的な図像だけではなく，左上にある 2 つの円を線

---

1)　両方の星とも地球に近く，惑星に生命が誕生している可能性が高いと考えられました．

6.2　宇宙人へのまなざし　｜　117

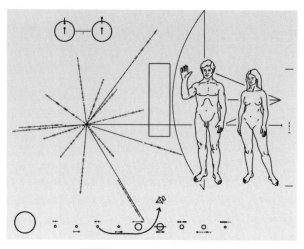

図 6.5　パイオニア・メッセージ

でつないだ図のような，一見すると何を表しているのかわからない図形もみえます．実はこれは，先に述べた波長21 cmの電波を発する水素原子を示しており，21 cmという長さを表しているのだといいます．

　SETI におけるこういったメッセージは，もちろん科学的な知見に基づいてつくられたものです．しかし，そこに垣間見える宇宙人像は，実は案外と貧困です．SETI 学者の想定する宇宙人とはどういうものかを考えてみると，そこで相手に必要なのは「素数の概念がわかる」「素因数分解ができる」「水素原子の出す 21 cm 電波の重要性がわかる」などといったことです．つまりそこで想定されているのは，実は「生真面目な工学者」としての宇宙人であり，それはSETI をやっている科学者自身の鏡像なのだといっていいでしょう．そして当然かもしれませんが，SETI 学者たちは，宇宙人がいったいどんな風貌をしていて，どんな文明を築いているか，といった事柄にはほとんど関心を払っていないのです．

● 6.2.4　想像できないことを想像する
　ここまで，私たち人類が，まだ出会ってもない宇宙人のことをどのように想像してきたのかをみてきました．そこから何がくみとれるのかについて考えて

みたいと思います.

　まず指摘できるのは，そういった想像された宇宙人の多くは，どこかの点でとても人間的だ，ということです．宇宙人グレイは人間型でコミュニケーションもとれるとされているし，「宇宙人」とよばれる鳩山やノイマンは，人間だがある一点で人間離れした人たちでした．またウィトゲンシュタインやベイトソンのたとえに出てくる宇宙人は，人間とほぼ同じ知的能力をもっているが，何か一点の能力を欠落させている存在でした．さらに SETI における宇宙人は，SETI を試みている科学者たちを鏡に映したような知性と動機をもった存在として想定されていました．このように，宇宙人の想像は，完全に人間から離れてしまうことは難しいようです.

　一方，彼らは宇宙人ですから，当然人間と非常に異なる点ももっています．しかし，「宇宙人はこういう点で人間と異なっている」というときの「こういう点」は 1 つに定まりません．先に述べたように，それぞれの「異なり方」はとても異なっているのです.

　このような状況を考えているとき，私の頭に浮かんだのが，バスケットボールのピボットフットです．バスケでは，片方の足（ピボットフット）は一点に留めておいたまま，もう片方の足（フリーフット）をさまざまな方向に動かすことができます．ピボットフットにあたるのが人間であり，フリーフットにあたるのがさまざまな宇宙人的な性質なのだ，と考えたわけです．宇宙人の表象とは，そのようにして，人間的な性質と人間的でない性質を同時にもち合わせ，それによって引きのばされている，ということができるでしょう（図6.6）．そして，どちらかの方向へ引きのばされている，そのことだけが，宇宙人表象の意味であるようです．このように，宇宙人はたしかに表象とよびうるのだけれど，それは通常の意味での表象ではなく，「メタ表象」とでもいうべきものだと考えられます.

　それにしても，私たちはなぜそこまでして，会ってもおらず，いるかどうかもわからない宇宙人のことを考えるのでしょうか．ここでこの問題に関連して，本項の標題とした「想像できないことを想像する」というフレーズを紹介したいと思います．この言葉は，SF 作家の山田正紀によるもので（山田，1974），SF のもつ心意気を表した言葉として知られているのですが，論理的

6.2　宇宙人へのまなざし　│　119

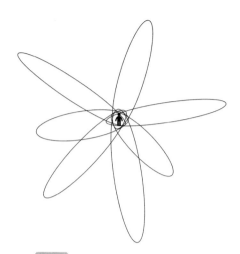

図 6.6 さまざまな方向への引きのばし

には明らかに矛盾しています[2]．しかし考えてみれば，そもそも「宇宙人」という言葉そのものも，これと同様の矛盾を含みこんでいるのです．「宇宙・人」と分かち書きしてみると，「宇宙」とはすなわち，いまだ私たちの手が届かない場所のことをさしています．しかしそこに，「人」すなわち何らかの意味で私たちの理解可能な存在がいるというわけです．「宇宙・人」を考えるということ自体がまさに，想像できないことを想像しようとする営為なのだといえます．

　宇宙人表象において，「人間」はピボットとして存在しました．その不動のピボットに対して，「そうでないもの」としての宇宙人像があったわけです．そこで，人間の引きのばしとよべる現象が起こっていたのですが，想像できないものを想像するためには，その引きのばしのさらに向こう側，すなわち「延長線」を考える必要があります．直線を確定するには，2つの点があればよいのですが，その2つの点とは，ここでは，基点としての「人間」と，方向を定める点としての「各個の宇宙人像」です．そしてその特徴を通って半直線を伸

---

[2] この論理構造は，「異文化のことがわからない」ことをわかる，という，人類学における「文化相対主義」と同じ構造をもっているといえます．

120 ｜ 6　宇宙人との出会い

ばすと，それはいまだ知られていない，無限の彼方まで伸びていきます．そういった彼方は，具体的には知りえませんが，しかし私たちは，「延長」というやり方によって，それがたしかにあるということを信じることはできるのです．

人間は，そのような未知のものを知ろうとする傾向が強い動物であることが知られています．現生人類は数十万年前にアフリカに起源したのですが，5万年前ごろにアフリカを出たあと，地峡を渡り海を渡って，アジア，オセアニア，南北アメリカと，地球上のすべての地域に拡散してきました．このような広い分布をもつ動物はほかにないわけで，そこには未知の土地に行ってみようという強い志向性があったと考えざるを得ません．そういった志向性の表れの極端が，宇宙人表象だといえるのではないでしょうか．

またよく考えてみれば，そのような空間的な彼方ではなく，自分のすぐ横にいる「他者」さえも，同様な知り得なさを秘めていることに気づきます．他者とは，私の手の届かない「他」であると同時に，石ころなどの「物」とは異なる，私と同質の「者」でもあるのです．そういった存在と日々顔をつきあわせている私たちは，つねに他者に対する理解と不可知性の間を揺れています．「想像できないもの」は，彼方の宇宙人のみならず，いつも顔をあわせている他者の中にも，さながらに現れうるのです．宇宙人は，私たちがそういった他者という存在を想像し納得するための「道具」でもあると私は考えています．

6.3 宇宙人とのコミュニケーション

宇宙人へのまなざしの分析はこのくらいにして，もし彼らと出会えたらどういうコミュニケーションが可能なのか，という問題に移りましょう．

ここで考えておかなければならないのは，宇宙人と私たちの間には，あらかじめ決められたコミュニケーションの「コード」が存在しない，という点です．コードとは簡単にいうと，通信における「信号」と「その信号の表すもの」を対応づける取り決めのことです．たとえば，モールス信号では"・—"という符号は"A"という文字に，"—・・・"という符号は"B"という文字に，というふうに対応がつけられています．また日本語では「イヌ」という音声は犬という動物を表すことになっています．しかし当然のことながら，はじめて出

会う宇宙人との間には，そういったあらかじめの取り決めはありません．そこで何が起こるか，というのが，コミュニケーションの成り立ちを考えるうえで重要な問題になってくるのです．

宇宙人との出会いについては，SF でたくさんの物語が書かれており，それらは「ファースト・コンタクト・テーマ」と総称されています．ここでは，SETI を押し進めた天文学者としても有名なカール・セーガンの SF 小説『コンタクト』(1986)[3]を題材として議論を進めていきます．

● 6.3.1 「自然コード」を使う

『コンタクト』の主人公，SETI 研究者のエリーは，電波望遠鏡を使って地球外知性を探査していましたが，ある日ついにヴェガ星からの信号をキャッチすることに成功します．

> 「ますます有望ね，これは．じゃあ，動くパルスをじっくり見てみましょう．これが二進法だとすると，だれか十進法に置き換えてくれた？ 数列はどうなのかしら？ いいわ，頭の中で並べてみましょう．……59，61，67，……71……ねえ——これはみんな素数じゃない？」

SETI 研究において予言されていたように，素数の列が自然現象として送られてくるわけはないから，それは地球外知性からのものだと判断されたのです．このように，最初の通信に数学的なしかけを提示するというアイデアは，「数学的に正しい命題は全宇宙を通じて同じだろう」，そして「メッセージを受けとる技術をもっているほどの知性なら数学はできるだろう」という発想によっています．このような数学の，通文化性ならぬ通宇宙性とでもいうべき性質を，数学者の藤原正彦は以下のように語っています．

> たとえば，どこかの宇宙人と地球人との知性を比較するときには，どうやって比較するか．文学を比較したってしようがない．物理だって他の天体，銀河系のはるか外の天体とは物理法則自身が異なる可能性がある．化学だって存在する元素が違うはずです．だから比較にならない．ところが，数学だけは，必ず同じです．
>
> （藤原・小川，2005）

---

[3] 1997 年にジョディ・フォスター主演で映画化もされています．

122 │ 6 宇宙人との出会い

またアレシボ・メッセージの内容をみると，そこには数学だけではなく，物理学的な事実も表れています．元素の原子番号，DNA の分子構造などなどです．パイオニア・メッセージにおいても，波長 21 cm の電波が長さの単位として使われています．このように，物理法則は数学と同様に，私たちの宇宙のどこに行っても変わらないだろうから（藤原は物理法則は異なる可能性があるといっていますが），それを用いて意志疎通ができるだろう，と考えられているのです．これらのやり方は，自然界に存在する共通事項をキーにしてコミュニケートするという意味で，「自然コード」とよんでよいようにも思われます．

ただし「コード」という概念を厳密に考えるならば，数学的事実や物理法則をコードとよぶことはできません．コードとは，通信の信号と，その信号の表すものを対応づける取り決めのことだったわけですが，宇宙人と私たちとの間で，そのようなあらかじめの取り決めなどはないのです．数学的事実や物理法則は，そういった取り決めなのではなく，むしろ「宇宙人と私たちの双方にとって，顕在的な事柄」なのだと考えたほうがよいと思われます．たとえば，2人の目の前にコップがあり，それぞれにとって自分もそれをみているし，相手もそれをみていることが明らかだ，といった状況です．そのコップに相当するような事柄が，数学的事実や物理法則であり，SETI ではそれを使ってコミュニケーションを行うのだ，といえるでしょう．「自然コード」の概念は，そのような留保のもとに使われるべきでしょう．

● 6.3.2 関係に規則性をつくる

さて，話が少し難しくなってきましたが，いったん『コンタクト』のストーリーに戻りましょう．エリーたちがヴェガ人からの信号をさらに分析してみると，そこには別の情報も織りこまれていることが明らかになります．やがてそれは動画であることがわかり，分析の末，その画像をコンピュータ上に表示できる準備が整います．さあ何が出るかと，みんな固唾をのんで画面を見つめます．

> スクリーンの映像がやがて回転し，修正され，しだいにピントが合いはじめる．エリーも無意識のうちに身をのりだして，黒と白の，粒子の粗い映像に目をこらした．……それは，思いもかけないものだった．アール・デコ調の大きな鷲の像に飾られた重厚な演壇．リアルに描かれたその鷲の爪

6.3 宇宙人とのコミュニケーション | 123

がつかんでいるのは……

（中略）

エリーの目にも，いまやはっきりと見えたのだが，鷲の爪がつかんでいるのは，ナチの鉤十字だったのである．カメラは鷲の上方にゆっくりと移動し，リズミカルな歓呼の声をあげている群衆に手を振るアドルフ・ヒットラーの笑顔をアップでとらえた．

　それは1936年のベルリンオリンピックにおける，ヒットラーの演説の映像だったのです（図6.7）．かなりブラックユーモア的な展開ですが，実はヴェガ人は，26光年の彼方で，このテレビ映像——それは実は，地球においてはじめて大規模に行われたテレビ中継だったのですが——を受信し，そしてそれをそのまま送り返したのでした．ヴェガ人は，この映像がヒットラーという人物だということはもちろん知るはずもないでしょう．しかし，それをそのまま送り返すことによって，たしかに地球人の信号を受けとったということを示したのです．

　このやり方は，第1のやり方とはまったく違っていることに注意してください．素数列の通信は，素数という私たちにとってもヴェガ人にとっても顕在的な数学的事実を頼りにコミュニケーションを行おうというやり方だったわけですが，第2のやり方では，地球人が図らずも相手に送った信号を，そのまま送り返すこと，それ自体がメッセージになっているのです．つまりそこでは，地球人とヴェガ人がなす行為の間に「同じメッセージを送り合う」という意味で

図6.7　ヴェガ人から送られてきたヒットラーの映像

の,「相称性」という形の規則性が生まれてきているのです.

こういったやりとりは,出会いにおける挨拶を思い起こさせます.人間同士の挨拶をみても,その行動は多様です.握手,お辞儀にはじまり,ニュージーランドのマオリの「鼻と鼻をこすり合わせる」挨拶,チベットにおける「舌を出す」挨拶など,実にさまざまな行動がみられます.さらに動物においても,明らかに挨拶だと認識できる行動が存在します.たとえば旧千円札の図柄にもなったタンチョウヅルの踊り(図6.8)もまた,一種の挨拶だといわれています.

しかし,一見多様にみえるこれらの行動には,相手との関係性のパターンの中に相称性をつくり上げている,という共通点があります.ヴェガ人がやったことも,まさしくこれにあたるのです.一方,相称的ではないにせよ,身分の高い人と低い人の挨拶のように「相手にあわせて相補的なことをする」という形の挨拶もありえます.チンパンジーには「パント・グラント」とよばれる挨拶がありますが,これは下位の個体から上位の個体に向かって発せられる独特の音声です.そのような形で,相称性だけではなく,挨拶に利用できるさまざまな規則性を考えることができます.まとめていうと,ともに行っている行為の中に,何らかの規則性[4]をつくり上げていくこと,これがまさに,コミュニケーションを行うことなのです.

このような形での相互行為の生成を,鮮やかに描き出した童話があります.『こぎつねコンとこだぬきポン』(松野・二俣,1977)という作品です.つばき

図6.8　タンチョウヅルの踊り

山にコンという名のこぎつねが，すぎのき山にポンという名のこだぬきが住んでいました．2つの山の間には渡ることの難しい深い谷があり，2人とも友達がいないのでさびしい思いをしていました．あるとき偶然，谷のがけっぷちで2人は出会います．おたがいにやっと相手の姿がみえるほどの距離です．

　ポンは，にゅっと，あたまを　だしました．

　するりっと，

　コンの　あたまが　ひっこみました．

　ポンが　するりっと，ひっこむと，

　にゅっと，コンが　とびだします．

　にゅっ，するり，にゅっ，するり，

　こっちで，さっと　てを　あげると

　むこうも，さっと　てを　あげて，

　ぐるっと　まわすと，むこうも　ぐるっ，

　こっちが　りょうて，むこうも　りょうて，

　ぐるり　ひらひら，ぐるぅりひらひら．　　　　　　　　（松野・二俣，1977）

　最初の時点で，みえるのは相手の体のシルエットだけです．しかし，なにげなくはじめた「頭を出す―ひっこめる」という動作が，やがて「相手がしたことをまねる」という形で規則性を帯びてきます．そこにはまさに，相称性が形づくられているのです．しかしやがて，「さっと手を上げる」という動きが導入されるとともに，やりとりは変形されはじめます．コンとポンの間のルールは「（何をするにせよ）新しいことをする―それをまねる」という形に変わっていくのです．

　この例にみるように，行為の規則性はだんだんと建て増ししたり，変形していくことができるものなのです．そこには，あらかじめ取り決められたコードといったものは必須ではありません．ファースト・コンタクトが起こったとき，宇宙人とのコミュニケーションはそのような形で，少しずつ形づくられていくだろう，と私は考えています．

---

4)　実はこの「規則性」という概念は，たいへん厄介な性質をもっているのですが，この問題については木村（2018）を参照してください．

6.3.3 まなざしと規則性

最後に，前半で述べた私たちの宇宙人へのまなざしと，後半の宇宙人との規則性を通じたコミュニケーションとの関係について述べておきます．両者は一見，まったく異なる事柄のようにみえますが，実は密接に関係しているのです．

コンとポンの例でみたように，おたがいの関係をつくるには，まず何かの行為を，ばくち的にでもいいから投げかけてみなければなりません．そこで必要なのは，「そこに，よくわからないけれど何かがある」ということを信じる態度でしょう．この態度こそが，宇宙人をまなざし，想像できないことを想像することの基盤になっているのです．そしてそれをやってみたところに，新たな関係の規則性—相称性であったり，相補性であったり，あるいはより複雑な規則性であったり—が生じてきます．さらにその規則性をもとに，また新たに何かをやってみる．こういった円環的なくり返しこそが，相互行為なのです．

このような相互行為の機序を明らかにするためには，宇宙人という「極端な他者」を考えることがたいへん有効です（それは，ウィトゲンシュタインやベイトソンといった人たちが，論考の中に宇宙人を取り入れていることからもわかります）．一見突飛で，地に足のついてないようにみえる「宇宙人との出会い」の研究なのですが，実はそれは，コミュニケーションの成立と継続のいちばん基礎的な部分にかかわっているのです．

謝辞

本章は，宇宙人類学研究会および京都大学宇宙総合学研究ユニットの活動の中で生まれてきたアイデアをもとにして書いたものです．宇宙人類学研究会では，以下のような援助をいただいています．

- 日本文化人類学会　課題研究懇談会「宇宙人類学研究会」
- 科学研究費　挑戦的萌芽研究（15K12958）「宇宙開発技術者に関するオーラルヒストリー調査」
- 国立民族学博物館　共同研究「宇宙開発に関する文化人類学からの接近」

また，宇宙人類学に関する読書会に参加していただいたみなさんからはさまざまなご教示をいただきました．また本章の挿絵の一部は，高橋城之助氏に描いていただきました．以上の方々および諸機関に感謝します．

引用文献

ウィトゲンシュタイン，ルートヴィヒ（著），藤本隆志（訳）：哲学探究（ウィトゲンシュタイン全集8），pp.113-114，大修館書店，1976.

岡田浩樹ほか（編著）：宇宙人類学の挑戦―人類の未来を問う，昭和堂，2014.

木村大治：見知らぬものと出会う―ファースト・コンタクトの相互行為論，東京大学出版会，2018.

週刊 FLASH　**2015 年 4 月 7・14 日号**：livedoor NEWS. http://news.livedoor.com/article/detail/9955715/（2019 年 7 月 2 日閲覧）.

セーガン，カール（著），池　央耿・高見　浩（訳）：コンタクト，p.102, 129，新潮社，1986.

藤原正彦・小川洋子：世にも美しい数学入門，p.167，筑摩書房，2005.

ベイトソン，グレゴリー（著），佐藤良明（訳）：精神と自然―生きた世界の認識論―，p.7，思索社，1982.

松野正子・二俣英五郎：こぎつねコンとこだぬきポン，p.11，童心社，1977.

ミラー，ロン（著），日暮雅通・山田和子（訳）：宇宙画の 150 年史　宇宙・ロケット・エイリアン，河出書房新社，2015.

山田正紀：抱負. S-F マガジン，**1974 年 7 月号**：137，1974.

Cocconi, Giuseppe and Philip Morrison: Searching for Interstellar Communications. *Nature*, **184**: 844-846, 1959.

Wells, Harbert George: *The War of the Worlds,* William Heinemann, 1898.

Whitman, Marina von Neumann: *The Martian's Daughter: A Memoir,* University of Michigan Press, 2012.

参考文献：初心者向け

鳴沢真也：宇宙人の探し方　地球外知的生命探査の科学とロマン，幻冬舎，2013.
SETI についての情報がしっかり書かれた好著.

レム，スタニスワフ（著），沼野充義（訳）：ソラリス（スタニスワフ・レム・コレクション），国書刊行会，2004.
ファースト・コンタクト SF の白眉. 未知なる存在を未知なるままに描ききったところが素晴らしい.

参考文献：中・上級者向け

大庭　健：他者とは誰のことか―自己組織システムの倫理学，勁草書房，1989.
他者との相互行為の生成について真正面から論じた著書.

木原善彦：UFO とポストモダン，平凡社，2006.
UFO 言説を歴史的に分析し，私たちの宇宙人へのまなざしがどのように形成されているかを記述している.

木村大治（編）：動物と出会う I―出会いの相互行為，ナカニシヤ出版，2015.
地球上に住むさまざまな動物と人間の出会いの記述によって，他者概念について考える

ための豊富な素材を提供している.

木村大治（編）：動物と出会うII—心と社会の生成，ナカニシヤ出版，2015.

人間と動物との出会い，動物同士の出会いから，心や社会がどのように生成していくかについて分析している.

あとがき——生存圏 〜人類は宇宙へ〜

松本 紘

「我々は,生き残れるか」.

私が宇宙を研究対象としてから現在にいたるまで,40年を超えてつねに考えている根源的な問です.

2015年9月の国連サミットで採択された「持続可能な開発のための2030アジェンダ」に記載されたSDGs(Sustainable Development Goals,持続可能な開発目標)には,貧困や飢餓,健康や教育,さらには安全な水など開発途上国に対する支援に関するテーマ,エネルギー,働きがい,経済成長や街づくりといった先進国にとっても重要なテーマや,気候変動,海や陸の維持,さらには平和と公正といった地球規模の包括的テーマが掲げられています.このテーマ1つ1つは,私たち人類が地球という巨大ではあるが限られたフィールドの中で生活していくにあたり,どれも欠かせないものであることは確かです.

しかし,「Sustainability」=「持続可能な」社会という言葉は,現在の地球において,本当に適切でしょうか.実は,持続可能社会はそう簡単に達成できません.1秒間で3人という驚異的なスピードで増え続ける人類が,限りある地球上の資源を分かち続けていくのです.無から有を生むような,強烈な科学技術によって,猛烈につぎつぎと新しい課題を克服し地球をバージョンアップしていくことでようやく社会は維持されます.だから私は,みなが安易にsustainできると誤解をしないためにも,生きるか死ぬかの「survivability」のほうが適切だと考えます.地球環境がリスキーな状態にある中で,自分はどうするのかを問い続け,広い視野で物事を見つめ,行動することが重要です.

たとえば明日,直径1 kmの隕石が落ちてきたら,地球上の生命はどうなるでしょうか.隕石に限らず,戦争や大規模な災害・ハザードが,近い未来に起こらないとは限りません.地球上の資源が生命を支えきれなくなったとき,環境が生命に適さなくなったとき,私たち人類は,座して死を待つしかないので

しょうか. 私は, 冒頭で触れた人類の生存という問に対して, 太陽系をはじめとした Space に人類の活動領域を拡張し, Space から資源を得る, という解に到達しました. そうして, 学生〜教授時代には宇宙太陽光発電の研究にも力を注ぎ, 現在は国の宇宙政策の立案にも関与しています. 人類は間違いなく, 宇宙に進出するときがきます. Space を使い尽くした先には, いまはまだみぬ, 銀河の果ての Universe まで活動領域を拡げていくことでしょう. Space や Universe に人類が進出するにも, 地球のバージョンアップと同様, または, それ以上に, 科学技術の進歩が重要です. 惑星間を行き来するには, 長時間移動に耐えられるよう, 冷凍睡眠の技術が必要になるかもしれません. そもそもの移動時間を格段に短縮すべく, 光速に近い速度で宇宙を航行する手段が望まれるかもしれません. また, 多くの人類が宇宙で暮らすには, 月面や宇宙空間上に超大型の構造物を建造する技術も求められるでしょう. ここには到底書き切れない, 無数のアイデアが生まれ, それに挑戦することで, 人類の科学技術レベルは進歩していくのではないでしょうか. また, 宇宙空間との触れあいは, 人類のもつ根源的な価値観を変える契機となります. 実際に月面に降り立ったムーン・ウォーカーの中には, 地球へ帰還したのち, 宇宙で感じた神秘的感覚や神の存在に影響をうけ, 空軍退役後に牧師となった方もいらっしゃいます. 宇宙飛行士になるには, 非常に高いレベルの科学的知識が必要です. いわゆる, 理論実証主義者ともいえる彼らが, 超越的存在を肯定するにいたるという, 天地がひっくり返ったような変化, 思考の拡大が起きています.

　その一方で, 地上で暮らす私たちの視野・思考は狭くなる一方です. とくに日本では, 戦後から高度成長期へ移っていく中で核家族化が進み, 子どもが祖父母と暮らす家庭は少なくなりました. そのため, 家庭の小さないがみ合いなどのミニ社会をみる機会が減り, 世代間による価値観の違いを知らないままに社会人になっていきます. 昔は家族から親戚, 社会へと少しずつ, 体験を伴いながら世界を広げていくことで, 他人や世界を受け入れられるようになっていきました. 一方, いまは小さなころから情報過多です. あなたの将来はこう, 世の中はこう, といったモデルや, 一見正しそうにみえる (でも, 本当に正しいものか否かはわからない) 答えが, 液晶を指先でなぞるだけで, 簡単に手に入ってしまいます. さらに, 近代化に伴って, 教育システムも変容しました. 子どもは本来「なんで, なんで?」と好奇心旺盛なものであるはずです. しか

し，小学校・中学校・高校・大学受験では，道徳や音楽，芸術といった受験に関係のない科目は軽んじられる傾向にあります．興味にしたがって学ぶ，体験することが，教育システムの中の競争にとっては，ネガティブにはたらくこともあります．そして，学年が上がり文系と理系に分けられると，文系は理数系の科目が疎遠になり，理系は言語や哲学，倫理，政治，経済といった分野に関心を寄せる機会が少なくなります．先端科学の状況も同様で，無数に枝分かれした学問の樹の，枝の先の先の領域を突き詰め，自分がオンリーワン，ナンバーワンだと主張することに躍起になっている面があります．かの夏目漱石は，「道楽と職業」の中で，「昔の学者はすべての知識を自分一人でしょって立っていたように見えますが今の学者は自分の研究以外には何も知らない」と警鐘を鳴らしていました．それから1世紀が過ぎても，いまの教育システムには，柔軟な発想の素地となる広い知識と経験を積む余裕はありません．これでは，私たちが偉人とよぶ，空海やレオナルド・ダ・ヴィンチのような，宗教から芸術，文学，科学など，あらゆる学問に精通する総合文化人は，生まれようがないのです．それでは，だれが明日の地球，明日の人類，明日の日本の行く末を描き，そこへ進む推進力を生み出すのでしょうか．

　19世紀後半，フランスの小説家のジュール・ヴェルヌが『月世界旅行』を発表しました．この小説の中では，大砲の砲弾として人を飛ばすことで，月を目指しています．そんなことは科学的にあり得ません．しかし，この小説によって月旅行は，多くの人々の夢になりました．ご存じの通り，後の現実世界では，大砲はロケットに，砲弾は宇宙飛行士にかわり，人類は月面に到達しています．本書は，『月世界旅行』のようなSF小説ではなく，科学の読み物ではありますが，各章を手がけた研究者の面々のテキストから，観測データや実験結果だけに留まらず，宇宙を解き明かすことで人類がどう変わるのか，といった，データだけでは到達できない発想も含めて，真摯に考察しておられることが伝わったかと思います．そして，一見，お伽話や神話のように思われてきた非科学的な説に対しても，宇宙を究めることで科学的な根拠が見つかることがあることを示してくださいました．この本を手に取ってくださった貴方にも是非，宇宙という広大なフィールドに思考を巡らせることを通じて，遠大な視野を手にしてほしいと思います．そして，自身の思考に制限をかけずに大きな夢を描いてほしいと，強く望みます．

132　｜　あとがき

索 引

欧 文

11 年周期　45
1420 MHz　→ 21 cm
21 cm　116, 118

AI　78
ALH84001　37
ARPANET　71

COBE（人工衛星）　5, 6

ESA　69

F10.7　55

H II ロケット　67
H II-B ロケット　67
HR 図　13, 14

IoT　78
IPCC（気候変動に関する政府間パネル）
　　52
ISAS（宇宙科学研究所）　67, 99
ISS（国際宇宙ステーション）　70

JAXA　68, 100

Kepler-186f　32
Kepler-452b　32

LE-5 エンジン　67

NAL　68
NASA　69
NASDA　67, 100
NSFNET　72

ODA　78

SDO（人工衛星）　54
SETI　116
SF　112
SPS（宇宙太陽光発電所）　85, 89, 93

TEC（電離層全電子数）　54, 56
TRAPPIST-1　33
TSI（太陽総放射量）　51, 53

USGS　79

WMAP（人工衛星）　5, 6

ア 行

アストロバイオロジー　→宇宙生物学
天の川銀河　5
アリアンスペース社　70
アリアンロケット　70
アレシボ電波望遠鏡　117
アレシボ・メッセージ　117
暗黒星雲　10, 13

ウィトゲンシュタイン，ルートヴィヒ　115
宇宙開発　110
宇宙開放系　94

索引　|　133

宇宙科学研究所　→ ISAS
宇宙活動法　80
宇宙観　1
宇宙気候　49
宇宙産業　74, 76
宇宙人　111
宇宙人類学　109
宇宙人類学研究会　109
宇宙生物学（アストロバイオロジー）　34, 35
宇宙線　57, 60
宇宙太陽光発電　85
宇宙太陽光発電所　→ SPS
宇宙天気予報　44
宇宙二法　80
宇宙の進化　1
宇宙膨張　4
宇宙マイクロ波背景放射　4

衛星リモセン法　80
エウロパ（木星の衛星）　38
エキセントリックプラネット　26
液体の水　29
エクソバイオロジー　→圏外生物学
エンケラドゥス（土星の衛星）　38

オズマ計画　116
オープンデータ　79
オポチュニティ探査機　38

カ 行

海底熱水噴出孔　38
科学技術　110
核融合反応　18
花山天文台　56
火星　36
　　——の流水跡地形　37
火星人　114
カッパロケット　66
ガリレイ，ガリレオ　44

気候変動に関する政府間パネル　→ IPCC

規則性　125
巨星　15
銀河　9

グレイ　112
グレーザー，ピーター　95

系外惑星　21
ケプラー宇宙望遠鏡　27
ケロー，ディディエ　22
圏外生物学（エクソバイオロジー）　35
原始太陽　13
原始地球　40

恒星　12-20
合成開口レーダー　79
国際宇宙ステーション　→ ISS
黒点　44, 45, 54, 58
国立天文台　56
コード　121
コミュニケーション　111

サ 行

彩層　54
参与観察　110

紫外線　53
自然コード　123
視線速度法　24
自文化中心主義　111
射出限界　31
主系列星　15
シュワーベ，ハインリッヒ　45
準天頂衛星「みちびき」　→みちびき（人工衛星）
情報スーパーハイウェイ構想　73
進化　→宇宙の進化
神舟5号　71

スーパー301条　68
スーパーアース　26
スーパーフレア　59

134 ｜ 索引

スペース X　77
スベンスマルク効果　60

生存圏　94
生命の材料　35
セカンダリーエクリプス　→二次食

相称性　125
想像できないことを想像する　119
相補性　127
素数　117

タ 行

タイタン（土星の衛星）　40
ダイナモ機構　47
太陽総放射量　→TSI
太陽磁場　45-48
太陽定数　50
ダークマター　11
他者　127
ダスト　9

地球外生命体　41
地磁気 Sq 場　54, 56
蝶型図　47
超新星残骸　17
超新星爆発　17

天体形成　7
電離層全電子数　→TEC

東方紅 1 号（人工衛星）　70
トップダウンシナリオ　9
ドップラー効果　24
トランジット法　25

ナ 行

内部海　34

二次食　25

ハ 行

パイオニア 10 号，11 号　117
パイオニア・メッセージ　118, 123
バイキング 1 号，2 号　37
白色矮星　12, 16
白斑　51
パターン　125
波長 21 cm　→21 cm
ハビタブルゾーン　30
　——の内側境界　30
　——の外側境界　31
ハビタブルプラネット　27
パンスペルミア説　36

飛騨天文台　51, 54, 55
ビッグデータ　78
ビッグバン宇宙論　4
ピボットフット　119
ヒューマノイド型　112

ファースト・コンタクト　122
不安定性　7
フィールド調査　109
フェーズドアレーアンテナ　88
ブラックホール　11, 12
フレア　43
文化相対主義　120

ベイトソン，グレゴリー　115
ペガスス座 51 番星　22
ベビーロケット　66
ヘールの法則　45
ペンシルロケット　66

暴走温室条件　30
暴走温室状態　31
ホットジュピター　22
ボトムアップシナリオ　8

マ 行

マイクロ波　88, 89
マイクロ波無線電力伝送　89
マイヨール，ミシェル　22
マウンダー極小期　49

みちびき（人工衛星）　81
密度ゆらぎ　6
ミニネプチューン　26
ミニ氷河期　48

無線電力伝送　88

メタン　38-40

ヤ 行

山田正紀　119

楊利偉（ヤン・リィウェイ）　71

ラ 行

ラムダロケット　67
ランドサット（人工衛星）　79

レクテナ　88

ロシア連邦宇宙局　70
ロスコスモス社（ロシア国営）　70

ワ 行

ワイヤレス給電技術　88
惑星状星雲　16

シリーズ〈宇宙総合学〉4
宇宙にひろがる文明   定価はカバーに表示

2019 年 12 月 10 日　初版第 1 刷

編　集　京　都　大　学
　　　　宇　宙　総　合　学
　　　　研　究　ユ　ニ　ット

発行者　朝　倉　誠　造

発行所　株式　朝　倉　書　店
　　　　会社

東京都新宿区新小川町 6-29
郵 便 番 号　162-8707
電　話　03 (3260) 0141
Ｆ Ａ Ｘ 03 (3260) 0180
http://www.asakura.co.jp

〈検印省略〉

© 2019 〈無断複写・転載を禁ず〉　　　　シナノ印刷・渡辺製本

ISBN 978-4-254-15524-2　C 3344　　　　Printed in Japan

JCOPY <出版者著作権管理機構　委託出版物>

本書の無断複写は著作権法上での例外を除き禁じられています．複写される場合は，
そのつど事前に，出版者著作権管理機構（電話 03-5244-5088，ＦＡＸ03-5244-5089，
e-mail: info@copy.or.jp）の許諾を得てください．

◆ シリーズ〈宇宙総合学〉〈全4巻〉 ◆
文理融合で宇宙研究の現在を紹介

京都大学宇宙総合学研究ユニット編
シリーズ〈宇宙総合学〉1
人類が生きる場所としての宇宙
15521-1　C3344　　　　　A 5 判 144頁 本体2300円

文理融合で宇宙研究の現在を紹介するシリーズ。人類は宇宙とどう付き合うか。〔内容〕宇宙総合学とは/有人宇宙開発のこれまでとこれから/宇宙への行き方/太陽の脅威とスーパーフレア/宇宙医学/宇宙開発利用の倫理

京都大学宇宙総合学研究ユニット編
シリーズ〈宇宙総合学〉2
人類は宇宙をどう見てきたか
15522-8　C3344　　　　　A 5 判 164頁 本体2300円

文理融合で宇宙研究の現在を紹介するシリーズ。人類は宇宙をどう眺めてきたのか。[内容]人類の宇宙観の変遷/最新宇宙論/オーロラ/宇宙の覗き方(京大3.8m望遠鏡)/宇宙と人のこころと宗教/宇宙人文学/歴史文献中のオーロラ記録

京都大学宇宙総合学研究ユニット編
シリーズ〈宇宙総合学〉3
人類はなぜ宇宙へ行くのか
15523-5　C3344　　　　　A 5 判 152頁 本体2300円

文理融合で宇宙研究の現在を紹介するシリーズ。人類は宇宙とどう付き合うか。〔内容〕太陽系探査/生命の起源と宇宙/宇宙から宇宙を見る/人工衛星の力学と制御/宇宙災害/宇宙へ行く意味はあるのか

京大 嶺重 慎著
ファーストステップ 宇宙の物理
13125-3　C3042　　　　　A 5 判 216頁 本体3300円

宇宙物理学の初級テキスト。多くの予備知識なく基礎概念や一般原理の理解に至る丁寧な解説。〔内容〕宇宙を学ぶ/恒星としての太陽/恒星の構造と進化/コンパクト天体と連星系/太陽系惑星と系外惑星/銀河系と系外銀河/現代の宇宙論

京大基礎物理学研究所監修
京大 柴田 大・大・高エネ研 久徳浩太郎著
Yukawaライブラリー 1
重 力 波 の 源
13801-6　C3342　　　　　A 5 判 224頁 本体3400円

重力波の観測成功によりさらなる発展が期待される重力波天文学への手引き。〔内容〕準備/重力波の理論/重力波の観測方法/連星ブラックホールの合体/連星中性子星の合体/大質量星の重力崩壊と重力波/飛翔体を用いた重力波望遠鏡/他

前阪大 高原文郎著
新版 宇 宙 物 理 学
—星・銀河・宇宙論—
13117-8　C3042　　　　　A 5 判 264頁 本体4200円

星,銀河,宇宙論についての基本的かつ核心的事項を一冊で学べるように,好評の旧版に宇宙論の章を追加したテキスト。従来の内容の見直しも行い,使いやすさを向上。〔内容〕星の構造/星の進化/中性子星とブラックホール/銀河/宇宙論

国立天文台 渡部潤一監訳　後藤真理子訳
太 陽 系 探 検 ガ イ ド
—エクストリームな50の場所—
15020-9　C3044　　　　　B 5 変判 296頁 本体4500円

「太陽系で最も高い山」「最も過酷な環境に耐える生物」など,太陽系の興味深い場所・現象を50トピック厳選し紹介する。最新の知見と豊かなオールカラーのビジュアルを交え,惑星科学の最前線をユーモラスな語り口で体感できる。

東工大 井田 茂・東大 田村元秀・東大 生駒大洋・
東工大 関根康人編
系 外 惑 星 の 事 典
15021-6　C3544　　　　　A 5 判 364頁 本体8000円

太陽系外の惑星は,1995年の発見後その数が増え続けている。さらに地球型惑星の発見によって生命という新たな軸での展開も見せている。本書は太陽系外天体における生命存在可能性,系外惑星の理論や観測について約160項目を頁単位で平易に解説。シームレスかつ大局的視点で学べる事典として,研究者・大学生だけでなく,天文ファンにも刺激あふれる読む事典。〔内容〕系外惑星の観測/生命存在居住可能性/惑星形成論/惑星のすがた/主星

上記価格（税別）は 2019 年 11 月現在